Das steckt im Buch

Wildtiere im Winter

Winterschlaf, Winterruhe oder Winterstarre? Oder einfach einen dicken Pelz wachsen lassen? Unsere Wildtiere haben sich einiges einfallen lassen, um den Winter unbeschadet zu überstehen.

So kommen Wildtiere durch den Winter

Der üppige Herbst ist vorbei. Die Tiere konnten sich noch einmal in den letzten warmen Sonnenstrahlen wärmen. Die reiche Erntezeit in der Natur bot Nahrung in Hülle und Fülle für jeden Geschmack. Noch einmal hat sich die Natur in ihren buntesten Gewändern gezeigt, bevor alles den tristen Novemberfarben weichen musste.

Auf Futtersuche: Mühsam ernährt sich das Eichhörnchen im Schnee.

Der Winter steht vor der Tür – für die Tiere beginnt nun eine harte Zeit. Kalte Temperaturen und vielleicht auch Eis und Schnee bestimmen die Tage, die uns so kurz erscheinen. Die Sonne bekommt man in der dunklen Jahreszeit selten zu Gesicht. Dafür sind die Nächte umso länger. Die Nahrung wird knapp und die niedrigen Temperaturen kosten den Körper wertvolle Energie. Deshalb verschlafen viele Tiere einfach das kalte Winterwetter und wachen erst im Frühjahr wieder auf, wenn die Sonnenstrahlen Wärme spenden und die Natur erwacht.

Viele Tiere trotzen aber auch der Witterung und haben sich mit faszinierenden Strategien an das Überleben in der entbehrungsreichen Winterzeit angepasst.

Stiller Kampf ums Überleben

Die meisten Pflanzen haben ihr Laub abgeworfen und tragen kein Grün mehr, alles läuft auf „Sparflamme“. Pflanzen bieten aber für viele kleine und große Wildtiere Nahrung und Lebensraum. Ohne das satte Grün und die Früchte der Blumen, Sträucher und Bäume fällt für viele Tiere ein reiches Nahrungsangebot weg. Doch gerade jetzt in der Kälte brauchen die Tiere für alle Körperfunktionen besonders viel Energie, die zusätzlich mit der Nahrung aufgenommen werden muss. Die Nahrungssuche wird noch schwieriger, wenn frostharte Böden und eine dicke Schneedecke hinzukommen. Auch die Suche nach einem wettergeschützten Versteck ist nicht einfach. Aber die Natur ist in Ihrer Vielfalt sehr erfinderisch und die Tiere haben verschiedene Methoden entwickelt, mit den widrigen Umständen im Winter zurechtzukommen.

Wer schläft, hungert nicht

Viele Tiere verschlafen einfach die kalte Jahreszeit. Wer schläft, braucht sich nicht ständig um Futter zu bemühen. Igel, Fledermäuse, Siebenschläfer und Murmeltiere verbringen mehrere Monate in einem geschützten Unterschlupf in einem schlafähnlichen Zustand – dem Winterschlaf.

Die Dauer des Winterschlafs kann je nach Tierart und Witterungslage unterschiedlich sein. Der größte Langschläfer ist wohl der Siebenschläfer. Zu einer Kugel zusammengerollt und mit seinem langen, buschigen Schwanz zugedeckt schläft er von September bis Mai. Das sind mindestens sieben Monate – daher auch sein bezeichnender Name.

Wenn die Temperaturen sinken und die Tage kürzer werden, stellt sich die innere Uhr der Tiere auf den Winterschlaf ein. Während des Winterschlafs sind alle Körperfunktionen auf ein Minimum reduziert, sodass es gerade zum Überleben reicht. Die Körpertemperatur sinkt fast auf Umgebungstemperatur ab. Atmung und Herzschlag werden extrem verlangsamt. Sehr bekannte Winterschläfer sind die Murmeltiere in den Alpen. Ihre Körpertemperatur fällt wäh-

Ein Siebenschläfer schlummert zusammengerollt in seinem wärmenden Schwanz.

rend des Winterschlafs auf etwa acht Grad, das Herz schlägt nur noch ein bis zwei Mal pro Minute. Die Atempausen können Minuten dauern.

Der sprichwörtliche Winterspeck ist überlebensnotwendig, denn die Tiere müssen die ganze Winterschlafzeit von diesem Fettvorrat zehren. Hat sich ein Winterschläfer im Herbst nicht genug Energiereserven angefuttert, könnte es sonst passieren, dass er im Frühjahr nicht aufwacht, denn das langsame „Hochfahren" des Stoffwechsels verbraucht sehr viel Energie. Fledermäuse verlieren beispielsweise bis zu 30 Prozent ihres Gewichts während des Winterschlafes und beim Aufwachen. Das wären bei einem Menschen mit einem Gewicht von 70 kg gut 20 kg Gewichtsverlust!

Ab und zu einen Happen

Andere Tiere schlafen den Winter über in einer kuscheligen Behausung, wachen aber zwischendurch immer für kurze Zeit auf, wenn das Wetter besser wird – das nennt man Winterruhe. Die Tiere unterbrechen ihre Winterruhe, um von ihren im Herbst gesammelten Vorräten zu fressen oder frische Beute zu machen.

Im Vergleich zum Winterschlaf ist bei der Winterruhe die Körpertemperatur im Schlaf nicht so stark vermindert, nur Atmung und Herzschlag sind langsamer. Typische Tiere, die Winterruhe halten, sind beispielsweise Dachs, Braunbär und der freche Waschbär.

Auch das Eichhörnchen schläft über lange Zeit in seinem geschützten Kobel, einem kugeligen Reisignest hoch oben in den Bäumen. Ist das Wetter rau und ungemütlich, bleibt es hinter verschlossener Kobeltür und träumt zusammengerollt in seinem wärmenden Schwanz vom Frühling. Wird das Wetter zwischendurch aber etwas milder, klettert das flinke Tier gewandt den Baum hinunter und sucht nach Futter in Baumhöhlen und im Erdboden. Hoffentlich findet es dort auch einige von den Vorräten wieder, die es im letzten Jahr eifrig versteckt hat!

Auch Maulwürfe halten Winterruhe. Doch sogar in kalten Wintern erheben sich plötzlich im Garten neue Maulwurfshügel und auf dem Schnee ist frische Erde aufgeschüttet! Es ist beeindruckend, mit welcher Kraft sich der unterirdische Insektenfresser sogar durch frostharte Erde unbeirrbar seinen Weg gräbt. Aber woher nimmt er dafür die Energie? Für eine gelegentliche Zwischenmahlzeit wäh-

Ein Maulwurf mit seiner Vorratskammer voller Regenwürmer.

rend der Winterruhe hat der Maulwurf noch bei schönem Wetter Vorsorge getroffen: Immer, wenn ihm beim Graben unter der Erde ein Regenwurm begegnete, wurde er entweder gleich vertilgt oder zunächst nur der Kopf verspeist. Die Regenwürmer bleiben hierdurch noch am Leben, sind aber gelähmt. In einer speziell angelegten „Speisekammer" unter der Erde halten sich dann diese Regenwurm-Konserven über lange Zeit frisch.

Wo wohnt der Dachs?

Haben Sie schon einmal einen winterlichen Dachsbau im Wald entdeckt? Mit ein wenig Beobachtungsgabe können Sie ihn auch im Winter finden: Aus dem Eingang zur Wohnhöhle steigen bei sehr kalten Temperaturen häufig kleine Nebelwölkchen auf. Das ist die warme Atemluft, in der das Wasser beim Abkühlen kondensiert, ähnlich wie in einer Regenwolke. Nun ist klar, dass hier eine Dachsfamilie überwintert. Oder stammt die Körperwärme vielleicht auch vom Untermieter Fuchs? Eine Spurensuche – natürlich ohne den Tieren zu nahe zu kommen – bringt sicher des Rätsels Lösung.

Starr vor Kälte

Tiere, die ihre Körperwärme im Vergleich zu Säugetieren und Vögeln nicht selbst regulieren können, sind in ihren Lebensfunktionen von den Umgebungstemperaturen abhängig. Das heißt, wenn die Temperaturen sinken, fallen Lurche, Kriechtiere sowie Insekten, Spinnen und Co. in eine Art Gefrierzustand – die Winterstarre. Steigen die Temperaturen im Frühjahr wieder an, tauen die Tiere förmlich auf.

Wichtig ist ein Versteck für die „starre Zeit“, in dem die Temperaturen nicht unter den Gefrierpunkt sinken. Das Einfrieren der Körpersäfte würde den sicheren Tod bedeuten. Marienkäfer haben dagegen aber einen besonderen Trick: Als natürliches Frostschutzmittel dient Glycerin, das in den Körperflüssigkeiten eingelagert ist. So lassen sich auch tiefe Minustemperaturen problemlos überstehen. Einige Frösche lagern als Frostschutz große Mengen Traubenzucker und Harnstoff im Blut ein.

Auf der Suche nach geeigneten Stellen, in die der Frost nicht so leicht einzieht, vergraben sich Frösche in Schlammlöchern, Erdmulden oder beziehen kleine Mäuselöcher. Insekten verstecken sich in engen Ritzen oder im Holz. Kröten, aber auch Schmetterlinge und Marienkäfer überwintern auch gern in Mauernischen, Kellern oder Dachböden unserer Häuser – schauen Sie doch einmal vorsichtig, welche Untermieter in Ihrem Haus unbemerkt überwintern!

Sein oder nicht sein …

Es gibt aber auch viele ausgewachsene Insekten, die schon vor dem Winter sterben. Sie haben bis dahin fleißig für Nachwuchs gesorgt und es überwintern dann nur die Eier oder Larven.

Schmetterlinge im Winter

Schmetterlinge verbringen den Winter auf ganz unterschiedliche und teilweise besonders faszinierende Weise. Die meisten legen spätestens im Herbst ihre Eier in hohlen Blattstängeln oder Ritzen ab und sterben beim ersten Frost. Nur die Eier oder die Raupen überwintern dann und verwandeln sich im nächsten Sommer zum farbenfrohen Falter.

Einige wandern wie Zugvögel lange Strecken gen Süden, wie der schöne Admiral. Wieder andere lassen sich ganz raffiniert durchfüttern: Der Schwarzgefleckte Ameisenbläuling zum Beispiel schmuggelt sich den Winter über in einen Ameisenstaat ein und lässt sich bequem von den fleißigen Sechsbeinern versorgen.

Tagpfauenauge und Kleiner Fuchs überwintern als ausgewachsene Falter gern auf Dachböden unserer Wohnhäuser – gewähren Sie ihnen doch Zutritt, indem Sie ihnen kleine Zugänge offen halten. In den ersten warmen Tagen im Jahr fliegen sie dann schon aus und verkünden uns damit als Frühlingsboten das Ende des Winters.

Schnell das Weite suchen ...

Viele Vögel haben sich für eine besonders kräftezehrende, aber auch effektive Lösung entschieden: Sie fliegen einfach dem kalten Winter aus dem Weg und suchen mit großen Flügelschlägen das Weite. Die Zugvögel machen sich auf eine lange Reise gen Süden. Dort sind die Temperaturen in der Winterzeit noch mild, doch vor allem ein reiches Nahrungsangebot lockt viele gefiederte Flieger in südliche Gefilde.

Der Weißstorch fliegt beispielsweise tausende Kilometer bis in die Savannen südlich der Sahara. Im Sommer eher an Fröschen, Regenwürmern und anderen Kleintieren interessiert, stellt er seine Ernährung im afrikanischen Winterquartier komplett um. Fernab der sommerlichen Heimat in Deutschland verspeist er im Winter am liebsten Heuschrecken, Schlangen und Eidechsen.

... oder doch hierbleiben?

Es gibt aber auch viele Vögel, die im Winter bei uns bleiben. Sie alle stellen dann ihre Kost um und nehmen genügsam mit dem vorlieb, was die karge Winterlandschaft an Nahrung noch bietet. Im Sommer brauchen die meisten unserer gefiederten Nachbarn Insekten und Raupen, um ihre hungrigen Jungen mit eiweißreicher Nahrung für gesundes Wachstum zu versorgen. Im Winter sind diese Kleintiere allerdings nicht mehr in großen Mengen da oder zumindest sehr versteckt und schwer zu finden.

Spatzen und Meisen spüren zwar auch im Winter noch Spinnen und Raupen auf, die sich in Ritzen, Löchern oder im Komposthaufen verstecken. Ansonsten müssen sie aber ihren Hunger mit dem stillen, was noch an den Pflanzen übrig ist: Samen, Beeren, Früchte und Knospen. Diese Pflan-

Bleibt bei uns: die Kohlmeise.

zenteile enthalten Stärke und Fett und liefern genug Energie, um im Winter nicht zu erfrieren. Bietet die Natur bis zum Frühjahr hinein genügend Samen und Früchte und gibt es vogelfreundliche Menschen, die ein Häppchen am Futterhaus anbieten, lässt es sich auch bei uns den Winter gut überstehen.

Augen zu und durch

Und dann gibt es da noch die ganz Hartgesottenen und Geduldigen der Tierwelt: Einfach einen dicken Winterpelz anziehen und notgedrungen eine Diät machen – mit dem kargen Mahl, was die Natur noch bietet.

Der Fischotter hat mit 50 000 Haaren pro Quadratzentimeter sicher den dichtesten Winterpelz. Bei Füchsen ist das Winterfell berühmt für seine weichen, dichten Haare, die im Winter auch bei kräftigem Schneegestöber warmhalten. Sucht sich das Füchslein dann noch eine windgeschützte Ecke oder schleicht sich in einen Dachsbau ein, lässt sich auch das ungemütlichste Wetter überstehen.

Viele Tiere bilden ein Winterfell aus, das im Vergleich zum Sommerfell längere und dickere Deckhaare und eine

Weißes Winterfell ist beim Hermelin Programm – auch wenn der Schnee ausbleibt.

dichtere Unterwolle hat. Dieses Fell schließt mehr Luft ein und schützt den Körper so besser vor Auskühlung. Auch bei Rehen, Rothirschen und Wildschweinen unterscheidet sich das Winterfell deutlich vom Haarkleid des Sommers. Es ist viel länger und dichter.

Farbwechsel: Fluch oder Segen?

Das Winterfell übernimmt bei einigen Tieren mehr als nur das Warmhalten. Das Hermelin, ein kleines flinkes Wiesel, wechselt sogar die Fellfarbe: Im Sommer ist es auf der Oberseite des Körpers braun und unten weiß gefärbt. Im Winterkleid ist es dann gänzlich in weißem Haarkleid zu sehen. Ausnahme macht die Schwanzspitze, die das ganze Jahr über kräftig schwarz ist. Also Achtung: Wenn Ihnen auf dem Schneespaziergang ein hüpfender schwarzer Fleck auffällt, dann lohnt sich genaueres Hinsehen. Vielleicht haben Sie ja Glück und es huscht gerade ein munteres Hermelin über den Weg.

So perfekt die Tarnung im Schnee auch funktioniert: Gibt es keinen weißen Winter, hat das Hermelin trotzdem sein weißes Fell. Dann leuchtet das strahlende Weiß nur so von Weitem …

Doch wie halten sich die Vögel im Winter warm? Ihnen wächst zwar im Winter kein dichteres Gefieder, doch auch sie können zusätzlich wärmende Luftschichten zwischen die Federn einlagern. Das tun sie, indem sie Ihr Gefieder stark aufplustern. Es ist also kein Zeichen von zu gut gemeinter Fütterung, wenn das Rotkehlchen im Winter kugelrund auf dem Ast sitzt. Vielmehr zeigt uns die runde Gestalt, dass unserem gefiederten Besucher kalt ist.

Neben dem Winterfell isoliert auch eine dicke Fettschicht am Körper gegen die Kälte. Viele Tiere nutzen den üppigen Sommer und Herbst dazu, sich ein paar zusätzliche Pfunde anzufuttern. Die Speckschicht dient als Wärmedämmung und Energiespeicher für knappe Zeiten.

Gemeinsam sind wir stark

Eine besonders kalte Nacht kann einigen Tieren schon zum Verhängnis werden. Besonders die kleinen unter ihnen verlieren sehr viel Wärme und kühlen schnell aus. Doch viele Tiere haben entdeckt, dass es sich gemeinsam in der Gruppe leichter den kalten Temperaturen trotzen lässt.

In kalten Winternächten schlafen die sonst einzelgängerischen Gartenbaumläufer in großen Gruppen eng aneinan-

Gartenbaumläufer wärmen sich gegenseitig.

Legt Vorräte für den Winter an: der Eichelhäher

dergeschmiegt, um sich gegenseitig zu wärmen. Dass immer wieder die Plätze getauscht werden und jeder einmal in der Mitte sein darf, wo es am wärmsten ist, ist Ehrensache. Auch bei den winzigen Wintergoldhähnchen wurde dieses Phänomen beobachtet. Mit weniger als zehn Zentimetern Länge sind sie unsere kleinsten heimischen Singvögel. Ohne die wärmenden Körper der anderen kühlen sie extrem schnell aus.

Nicht nur Vögel suchen im Winter die Nestwärme der Artgenossen. Auch Wildschweine rotten sich zusammen, um sich gegenseitig Körperwärme zu spenden.

In guten Zeiten vorsorgen

Gibt es im Winter nicht genug Nahrung, legen vorausschauende Tiere in Zeiten des Überflusses etwas für den Notfall zurück und sammeln Vorräte. Besonders emsig ist das Eichhörnchen, das fleißig Nüsse und Früchte für den Winter versteckt. Auch der Eichelhäher, ein intelligenter Rabenvogel, versteckt in einem Jahr um die 2500 Eicheln. Da er meist nicht alle Verstecke wiederfindet, können einige Eicheln im nächsten Frühjahr auskeimen. So hilft der laute Vogel mit dem bunten Gefieder nebenbei dem Förster, junge Bäume zu pflanzen.

Die Kunst der Vorratshaltung braucht ein besonders gutes Gedächtnis. Etwas Glück gehört aber wie immer auch dazu, dass nicht Versteckräuber wie Mäuse oder Wildschweine schon schneller an der Vorratskammer waren.

Ich helfe dir

Dank großer Anpassungsfähigkeit und verschiedenster Tricks sind unsere Wildtiere perfekt an ihr Leben in der freien Natur angepasst. Dazu gehört auch, Kälte, Nässe und Nahrungsknappheit im Winter zu überstehen. Doch dabei gibt es auch viele Schwierigkeiten, mit denen sie fertig werden müssen.

Sie können viel tun, damit unsere Wildtiere genügend Nahrung finden und sich in ihrem Zuhause inklusive warmer Winterbehausung wohlfühlen. Es ist oft nicht schwierig und muss nicht viel Arbeit machen, unseren Tieren den kalten Winter ein wenig zu erleichtern. In diesem Buch finden Sie viele Tipps und Tricks, wie es geht – und die Freude am Helfen und Beobachten ist garantiert!

Unsere gefiederten Nachbarn im Winter

Unsere Gartenvögel erfreuen uns von Frühling bis Herbst mit ihren munteren Gesängen. Sie können viel tun, damit die Daheimgebliebenen gut über die kalte Jahreszeit kommen und im Frühling wieder fröhlich zwitschern.

Rundum versorgt – gefiederte Gäste

Wie können Sie Ihren gefiederten Nachbarn im Winter helfen? Die meisten Tierfreunde denken jetzt sofort an Meisenknödel und Futterhäuschen. Und das ist richtig: Wenn Sie ein paar Dinge beachten, hilft die Vogelfütterung vielen Tieren und ist nebenbei noch ein tolles Naturerlebnis für Groß und Klein. Noch wichtiger als die Fütterung ist es allerdings, den Lebensraum der Vögel so zu gestalten, dass sie ohne zusätzliches Futterangebot genügend natürliche Nahrung finden.

Auch verschiedene Rückzugsmöglichkeiten und Verstecke, je nach Vorliebe der bunten Flieger, gehören zu einem winterlichen Vogelparadies dazu. Hier finden Sie kleine Tricks, wie Sie Ihren Garten naturnah gestalten können, damit für Vögel auch im Winter ein schützender Unterschlupf und genug natürliche Futterquellen vorhanden sind. Mit wenigen Mitteln können Sie helfen, damit die Vögel im Frühling wieder lebenslustig zwitschern.

Genauer hingeschaut!

Im Winter ist auch die Zeit, die Vögel etwas genauer zu betrachten und kennenzulernen. Ob auf dem Spaziergang oder vom Fenster aus: Mit dem Fernglas sind Sie ganz nah bei ihnen und Sie können genau hinschauen, ohne dass das Grün der Pflanzen wie sonst die Sicht behindert.

Vogelfütterung heißt Naturerlebnis: Eine neugierige Blaumeise auf Tuchfühlung.

Wintergast aus fernen Ländern: Ein Seidenschwanz stärkt sich beim Durchzug.

Ihr Garten als Winterparadies

Die Natur macht im Winter eine Atempause, die Tierwelt zieht sich zurück und besonders jetzt finden Menschen in der Natur Ruhe und besinnliche Stille. Nur wenige Spuren zeigen, dass doch einige Tiere auf den Beinen sind und sich nicht vom ungemütlichen Wetter davon abhalten lassen, draußen umherzustreifen. Vögel können Sie nun besonders gut beim Hüpfen im blätterlosen Geäst beobachten.

Die meisten Vögel lassen Kälte, Eis und Schnee hinter sich und fliegen einfach in wärmere Gefilde. Doch einige Vögel bleiben auch im Winter bei uns. Zusammen mit den Wintergästen sind sie dann oft die einzigen Tiere, die wir regelmäßig und ohne große Anstrengung zu Gesicht bekommen. Sie erfreuen uns mit ihrem bunten Gefieder und ihrem lebensfrohen Verhalten, ihr Zwitschern bringt Leben in die Stille des Winters. Einige singen bereits vom Frühling, wenn dieser noch weit in der Zukunft liegt. Besonders der einprägsame Gesang der Meisen an sonnigen Tagen im Januar lässt bei uns Frühlingsgefühle erwachen.

Viele Wintervögel finden im Wald oder an Gewässern geeignete Lebensbedingungen. Doch auch unsere Gärten und Parks sind nun ihr Revier und sollten besonders im Winter genügend Futter und Unterschlupf bieten. Für Gartenbesitzer und Menschen mit grünem Daumen ist es oft wenig aufwendig, dabei zu helfen. Schon mit kleinen Veränderungen können Sie ein Winterparadies für Vögel schaffen.

Auch unsere Gastfreundschaft ist gefragt: Viele gefiederte Gäste aus dem hohen Norden empfinden den hiesigen Winter im Vergleich zu ihrer Heimat mild und überwintern deshalb bei uns. Einige von ihnen wie Rotdrossel und Bergfink treffen wir nur im Winter bei uns an. Oft ist das ein unvergleichliches Naturerlebnis. Niemand wird so schnell vergessen, wenn einmal ein Trupp Seidenschwänze zu Gast war. Die exotisch anmutenden Vögel ziehen bei extremen Wetterlagen aus ihrer Heimat, den borealen Nadelwäldern im hohen Norden, gen Süden. Manchmal treffen sie dann invasionsartig auch bei uns ein – meistens in größeren Gruppen. Hier tun sie sich liebend gern an Vogelbeeren oder übrig gelassenen Winteräpfeln am Baum gütlich. Erkennen können Sie die starengroßen, hübsch gefärbten Vögel an ihrer auffälligen Federhaube. Auch der ungewöhnliche Ruf, der an einen klimpernden Schlüsselbund erinnert, ist unverkennbar. Auch für unsere Wintergäste können wir den Tisch also reichlich decken und eine Unterkunft reservieren.

0,0 Promille im Flugverkehr?

Übrigens: Seidenschwänze haben eine sehr große und effiziente Leber, um den Alkohol in den oftmals schon vergorenen Früchten schnell abzubauen.

Pflanzenwahl – heimisch statt exotisch …

Heimische Pflanzen sind die erste Wahl für die naturnahe Gartengestaltung. Sie kommen gut mit den hiesigen Klimabedingungen zurecht und die heimische Tierwelt hat sich im Laufe der Evolution an sie angepasst. Auch mit Pflanzen, die vom Menschen eingeführt und gezüchtet wurden, können einige Tiere etwas anfangen. Doch dies sind meist wenige Arten – die Artenvielfalt ist auf einheimischen Pflanzen um ein Vielfaches höher.

Zahlreiche Insekten und andere Kleintiere leben von den Blättern, Früchten und vom Holz unserer heimischen Kräuter, Sträucher und Bäume. Viele Blütenbestäuber suchen im Sommer Nektar und Pollen an den Blüten der Pflanzen.

Vögel und Säugetiere profitieren ebenfalls von den Pflanzen: Entweder verzehren sie direkt die Früchte der Pflanzen oder fressen wiederum die Insekten, die sie an den Pflanzen finden.

Es gibt so vielfältige und faszinierende Wechselbeziehungen zwischen Flora und Fauna und in diesem Ökosystem hat jedes Lebewesen seinen Platz. Deshalb sollten Sie bei der Auswahl ihrer Gartenpflanzen heimischen Pflanzen den Vorzug vor exotischen geben. Dann finden auch die Vögel im Winter genug zu fressen.

… und natürlich statt hochgezüchtet

Es ist optisch ansprechend, wenn eine Pflanze außergewöhnliche Farben und üppige Blüten hat. Die Tierwelt ist allerdings weniger an Äußerlichkeiten, sondern vielmehr am Inhalt interessiert: Insekten suchen Nektar und Pollen in fruchtbaren Blüten und nur funktionsfähige Blüten bilden auch Früchte aus, die Vögeln im Winter als Nahrung schmecken.

Sterile Blüten hochgezüchteter Zierpflanzensorten sind leider für die meisten Tiere oftmals ohne Nutzen. Achten Sie also darauf, dass Sie natürliche, standorttypische Pflanzenarten wählen.

Früchtevorrat für den ganzen Winter

Ein naturnah angelegter Garten bietet viel Nahrung für Vögel – auch im Winter. Ob Früchte von Weißdorn, Schlehe oder Vogelbeere: Sie halten sich bis in den Winter hinein und werden gern von Amsel, Gimpel oder anderen Arten verspeist. Oder denken Sie doch das nächste Mal bei der reichen Herbsternte auch an die Vogelwelt und lassen ein paar Äpfel am Baum zurück. Sie werden sehen, welch eine Vielzahl von hungrigen Schnäbeln sich darüber freut.

Doch nicht nur Sträucher und Bäume bieten im Winter Futter, sondern auch einjährige Kräuter und mehrjährige Stauden. Die Samen und Früchte vieler Wildkräuter sind lebenswichtige Leckerbissen für Spatz, Stieglitz und Co. Lassen Sie diese wichtigen, aber oft vergessenen Futterlieferanten ganz einfach wachsen: Diese Pflanzen kommen sogar ohne Ihr Zutun in Ihren Garten und gedeihen ganz ohne Hilfe am besten.

Oder pflanzen Sie doch Sonnenblumen in Ihren Garten und nicht nur Sie werden sich an ihrer Blütenpracht er-

Wacholderdrosseln und Amseln naschen an übrig gebliebenen Winteräpfeln.

freuen. Sind die schönen Blüten verblüht, werden sie erst interessant für die Vogelwelt. Die Sonnenblumenkerne in den stehen gelassenen Fruchtständen sind heiß begehrt bei Körnerfressern wie Grünfink, Kernbeißer und Meisen. Gern angenommenes Futter und auch geeignet zur Aussaat sind die Samen von Kolbenhirse und Rispenhirse.

Kinder und giftige Beeren

Vorsicht bei der Auswahl vogelfreundlicher Pflanzen ist geboten, wenn auch Kinder im Garten sind. Beeren und Früchte sind nicht nur für Vögel verlockend, sondern auch gerade für die Kleinen, die gern ungesehen ein paar Beeren in den Mund stecken. Einige der Vogelpflanzen sind für Menschen giftig und können schon in geringer Menge schwere Gesundheitsprobleme verursachen.

Nicht nur beim Bergfink willkommen: Vogelbeeren sind begehrtes Winterfutter für viele Vögel.

So sind die Beeren der rankenden Efeupflanze zwar sehr beliebt bei Drossel, Kernbeißer und Gimpel und sie ist durch

Winter-Futterpflanzen für Vögel

Diese Pflanzen liefern Beeren und andere Früchte, die besonders im Winter Vögeln als Nahrung dienen.

Sträucher und Bäume für Liebhaber von Beeren und saftigen Früchten:
- Weißdorn, Kreuzdorn*, Schwarzdorn (Schlehe), Sanddorn
- Liguster*
- Vogelbeere (Eberesche)
- Roter Hartriegel
- Gewöhnlicher und Wolliger Schneeball (unreife Beeren*)
- Brombeere
- Späte Apfelsorten
- Wacholder
- Eibe*
- Pfaffenhütchen*
- Berberitze

Sträucher und Bäume für Körnerfresser mit Vorliebe für eher trockene Früchte:
- Haselnuss, Walnuss
- Hainbuche, Rot-Buche
- Feld-Ahorn, Winter-Linde, Berg-Ulme
- Heckenrose
- Efeu*

Fast alle Wildkräuter und -getreide sind geeignet. Bei Vögeln beliebt sind zum Beispiel:
- Distel, Klette und Wilde Karde
- Knöterich, Hirse, Hirtentäschel, Ampfer
- Kornblume
- Sonnenblume
- Wiesen-Storchschnabel

(* = Für Menschen giftig, im Garten mit Kindern nicht empfehlenswert.)

die immergrünen Blätter im Winter als Versteck hervorragend geeignet. Alle Pflanzenteile und die Beeren sind allerdings giftig – besonders für Kinder. Um ganz sicher zu gehen: Als Alternativen gibt es genügend ungiftige Pflanzen, die Kindern nicht schaden und den Vögeln nützen.

Trotzdem sollten Sie den Kindern so früh wie möglich erklären, dass man grundsätzlich keine Pflanze oder Frucht essen sollte, die man nicht kennt – auch wenn sie noch so verlockend aussieht. Pflanzen Sie für Kinder extra Obstbüsche, von denen sie bedenkenlos naschen können. Und auch die Tiere freuen sich: Hier und da fällt auch etwas für sie ab!

Weniger ist mehr – Mut zur Wildnis

Geht ein warmer und farbenfroher Sommer zu Ende und die meisten duftenden Blüten sind verblüht, wird es Zeit, den Garten winterfest zu machen, Pflanzen zurückzuschneiden und Laub zu harken. Eigentlich wollen wir doch nur ein wenig „Ordnung" schaffen und alles für den Winter aufräumen und vorbereiten.

Doch oft meinen wir es damit viel zu gut: Die Natur hat ihre eigene, wilde „Ordnung" und nicht alles, was wir als notwendig ansehen, ist auch für Tiere und Pflanzen gut. Haben Sie also Mut zu mehr Wildnis in Ihrem Garten, legen Sie die Füße hoch und tun Sie einfach mal weniger als sonst. Überlassen Sie in paar „wilde Ecken" unberührt sich selbst. Schneiden Sie nicht alles ab, was unbrauchbar aussieht. Lassen Sie der Natur ihren Freiraum und Sie werden sehen: Es wird einer Vielzahl von Pflanzen und Tieren zugute kommen!

Und so geht's:

- Erhalten Sie natürliche Nahrungsquellen: Schneiden Sie alle Blühpflanzen nicht im Herbst zurück, sondern erst im Frühjahr. So ist der Tisch für die Vögel auch im Winter reich gedeckt und je nach individuellem Geschmack können sie sich an verschiedenen Früchten und Samen, die noch an den Pflanzen hängen, gütlich tun.
- In hohlen Stängeln, in Blattachseln, Ritzen im Holz und in alten Blütenständen überwintern zahlreiche Insekten und ihre Larven. Diese sind ein willkommener Leckerbissen für Vögel im Winter. Besonders Weichfresser wie Zaunkönig und Rotkehlchen sind darauf spezialisiert. Also schneiden Sie Stauden am besten gar nicht oder erst

Ein naturnaher Garten macht weniger Arbeit und ist Erholung für Mensch und Natur.

im Frühjahr zurück. Der späte Rückschnitt tut übrigens auch den Pflanzen gut, denn abgestorbene Teile fungieren als Frostschutz und liefern im Frühjahr Humus.

- Streuen Sie das anfallende Schnittgut und das Herbstlaub unter Büsche oder in die Hecken. Auch auf Beeten verteilt oder kompostiert nützt es den Tieren. Hier finden viele Insekten Unterschlupf, die dann von den hungrigen Vögeln aufgestöbert werden.
- Büsche und Hecken ebenfalls erst im Frühjahr stutzen. So finden Ihre gefiederten Nachbarn im Winter Unterschlupf vor kaltem Wind und vor hungrigen Greifvögeln oder Stubentigern. Damit Vögel wie Klappergrasmücke und Grünfink im Frühling ungestört in der Hecke brüten können, sollte der Frühjahrsschnitt erledigt sein, bevor die Pflanzen austreiben (etwa bis Mitte März).
- Verzichten Sie bitte auf chemische Pflanzenschutzmittel in Ihrem Garten. Das schadet Insekten und Wildpflanzen, auf die unsere Vögel besonders im Winter angewiesen sind.

Naturhecke – da fliegen Vögel drauf

Dichte Hecken und Gebüsche gehören unbedingt in einen Vogelparadiesgarten. Hier können sich Vögel im Winter vor Wind und Wetter zurückziehen und sind geschützt vor allerlei Feinden.

Die „wilde Ecke"

Haben Sie Lust auf ein Experiment im nächsten Frühling? Lassen Sie eine Ecke im Garten doch einmal unberührt und wild wachsen. Es gibt kaum etwas Spannenderes, als zu rätseln, was für eine Pflanze aus einem unscheinbaren kleinen Keimling wächst. Was kommt da wohl für eine Blüte? Und welche Früchte bilden sich daraus? Entdecken Sie ihre Neugier auf das Unbekannte. Die Vögel finden auf jeden Fall Geschmack an den dort lebenden Insekten und den Wildfrüchten im nächsten Winter!

Für den Winter sind Hecken aus Hainbuche oder auch Rot-Buche sehr gut geeignet. Diese robusten Pflanzen tragen auch im Winter das alte, trockene Laub bis zum neuen Blattaustrieb im nächsten Frühjahr und sind so ein besonders sicherer Zufluchtsort.

Als Hecke angelegter immergrüner Liguster ist ebenfalls ein gutes Versteck und liefert obendrein schmackhafte, für Menschen jedoch giftige Beeren. Hecken aus Berberitze, Schlehe und Brombeere haben sogar doppelten Nutzen: Sie setzen hungrigen Katzen spitze Dornen entgegen und liefern noch eine saftige Früchtemahlzeit.

Und wie sieht es aus mit einer Totholzhecke? Ganz anders als der Name vielleicht vermuten lässt, herrscht in einer Hecke aus toten Ästen und Reisig lebendiges Gewim-

Bestens geschützt: Eine Heckenbraunelle in einer Dornenhecke.

mel. Sie bietet nicht nur im Frühjahr eine Bühne für lautstarke Sänger wie den kleinen Zaunkönig oder als Sitzwarte eine gute Aussicht auf die Wiese. Hier leben eine Menge verschiedener Insekten und Kleintiere in den Ritzen, die für Vögel im Winter eine eiweiß- und fettreiche Mahlzeit liefern. Für eine solche Reisighecke schichten Sie zwischen zwei Pfahlreihen tote Äste verschiedener Länge und Dicke auf. Auch anderes grobes Schnittgut kann mitverarbeitet werden.

Zur Zwischenmiete frei – Nistkästen

Haben Sie sich schon mal gefragt, wo eigentlich die Vögel im Winter schlafen? Natürlich sind wettergeschützte Plätze wie dichte Büsche und Bäume, Mauernischen und Baumhöhlen beliebt. Hier sitzen sie oft zu mehreren wie Federbällchen aufgeplustert zusammen und hoffen, am nächsten Tag wieder genügend Nahrung für die Erhaltung ihrer wärmenden Speckschicht zu finden, die besonders in eiskalten Nächten so schnell schrumpft.

Viele Hartgesottene, die den kalten Winter hier verbringen, sind aber auch froh, dass die reiselustigeren Zugvögel ihre Reviere räumen. Wenn zur Brutsaison belegte Nistkästen plötzlich frei werden, sind schnell eine Reihe von Inter-

Geschützter Unterschlupf bei eisigen Temperaturen: Feldsperling im winterlichen Nistkasten.

Richtige Nistkastenpflege

Vogelnistkästen sollten einmal im Jahr gereinigt werden, um die Ausbreitung von lästigen Parasiten und krankmachenden Keimen einzudämmen. Der richtige Zeitpunkt dafür ist im Herbst nach Ende der Brutsaison, noch bevor die Wintergäste eingezogen sind. Wenn auch die „späte" Vogelfamilie im September ihr Nest verlassen hat, geht es los: Anklopfen, damit man nicht von einer kleinen Maus überrascht wird, und den Nistkasten öffnen. Altes Nest entnehmen und alles kräftig mit einer trockenen Bürste ausfegen. Nistkasten wieder schließen – fertig!

essenten zur Stelle, um sich diesen Platz für den Winter zu sichern. Besonders Spatzen sind dafür bekannt, regelrechte Winternester in alten Nistkästen zu bauen. Aber auch Zaunkönige, Meisen und sogar Siebenschläfer oder Gelbhalsmaus schätzen die geschützte Unterkunft. Hier lässt sich manch ungemütlicher Schneesturm behaglich überdauern.

Balkon, Terrasse und Stadtwohnung

Wer keinen Garten hat, kann trotzdem einiges für Vogel im Winter anpflanzen. Wild wachsende Kräuter und kleinere Pflänzchen im Balkonkasten oder Kübel liefern zum Beispiel Früchte, Samen und Insekten als Nahrung.

Oder was halten Sie von einer Fassadenbegrünung? Sie bringt erfrischende Kühle im Sommer und isoliert gegen die Kälte im Winter – und natürlich ist sie ein Paradies für viele verschiedene Tiere. Rankender Efeu an der Hauswand ist besonders praktisch im Winter: Durch seine immergrünen Blätter bietet er auch im Winter ein Versteck für Zaunkönig, Rotkehlchen und Amsel, die schon im Sommer hier ihre Jungen aufgezogen haben. Die Beeren, die sehr beliebt sind bei Drosseln, Rotkehlchen und Kernbeißer, reifen im späten Winter. Allerdings brauchen Sie etwas Geduld: Erst ab einem ungefähren Alter von zehn Jahren blüht die Efeupflanze und bildet Früchte aus.

Übrigens hat auch die Pflanze etwas davon, dass viele Vögel sie „zum Fressen gern" haben: Die Vögel fressen die Beeren und scheiden die unverdauten Samen an anderer Stelle wieder aus. Dort kann dann eine junge Efeupflanze wachsen. Die Vögel sorgen so ganz nebenbei für die Ausbreitung vieler Pflanzen.

Vögel im Winter füttern

Klirrende Kälte, Eis und erste Schneeschauer – jetzt ist der Winter mit aller Macht angekommen. Spätestens jetzt ist der richtige Zeitpunkt gekommen, mit der Vogelfütterung anzufangen. Wie Sie den Tisch richtig decken und was es zu beachten gilt, damit sich Ihre gefiederten Gäste wohlfühlen, zeigen wir Ihnen im folgenden Kapitel.

Vögel füttern?

Farbenfroher Anblick: Ein Gimpel an der liebevoll gestalteten Futterstelle.

Kaum ein Thema wird zwischen Experten und Tierfreunden so emotional diskutiert wie die Frage, ob man Vögel füttern soll oder nicht. Vögel sind frei lebende Wildtiere und können ohne die Hilfe der Menschen überleben. Von Natur aus finden sie normalerweise genug Futter, um sich und ihre Jungen zu ernähren.

Auch im Winter hält die Natur noch einige Mahlzeiten bereit: Samen von Wildkräutern, verschiedene Früchte von Sträuchern und Bäumen, Insekten und deren Eier und Larven, die in der Rinde alter Bäume oder in hohlen Pflanzenstängeln überwintern. Doch leider finden die Vögel immer weniger natürliche Nahrung. Intensive Landwirtschaft, sterile Gartenanlagen und weniger naturbelassene Flächen sind Ursachen dafür, dass heimische Wildkräuter und Insekten immer seltener werden. Es ist vielerorts also für Vögel nicht mehr so einfach, sich selbst und den Nachwuchs gut zu versorgen.

Fakt ist: Wir beeinflussen das Leben der Vögel an allen Ecken und Enden. Die meisten negativen Einflüsse auf den Lebensraum unserer Vögel sind von Menschen gemacht. So ist der Wunsch vieler Leute nur verständlich, durch zusätzliches Futterangebot die negativen Auswirkungen etwas auszugleichen. Und was wäre mit den Vögeln, die sich ohnehin für ein Leben in der Nähe des Menschen entschieden haben? Die Kulturfolger wie Amsel und Spatz sind auf unser Wohlwollen angewiesen und darauf, dass etwas für sie abfällt.

Bedrohter Spatz?

Wer hätte gedacht, dass der Allerweltsvogel Spatz, also der Haussperling, sogar einmal auf der Vorwarnliste der bedrohten Vögel in Deutschland steht? Besonders der Mangel an Brutraum und die immer knapper werdende Insektennahrung für die Jungtiere machen dem kleinen sympathischen Vogel sehr zu schaffen.

Richtig gemacht, ja!

Studien zeigen, dass eine artgerechte Fütterung sogar über das ganze Jahr hinweg keinesfalls Schaden anrichten kann, sondern für viele Vögel nützlich ist. Richtig ist zwar, dass man viele besonders bedrohte Vögel leider nicht mit einer Fütterung unterstützen kann, da diese auf sehr spezielle, immer seltener werdende Naturlebensräume angewiesen sind. Von einer Fütterung profitieren vor allem die gut bekannten und häufigen Arten, die allerdings nicht selten auch bereits von einer Bestandsabnahme bedroht sind.

Und ein nicht hoch genug zu schätzender Vorteil kommt noch hinzu: Wo kommen Sie sonst schon Ihren gefiederten Nachbarn so nahe und können etwas über ihre Verhaltensweisen lernen, als beim bunten Treiben am Futterhaus? Auch für Kinder ist das eine faszinierende Naturerfahrung der besten Art, die oft der Auslöser für eine lebenslange Bindung zur heimischen Tierwelt ist. Nur das, was man kennt und schätzt, schützt man später auch!

Egal, ob Sie sich entscheiden, Vögel das ganze Jahr über oder nur in der extrem knappen Winterzeit zu füttern: Wenn Sie sich an einige Empfehlungen halten, können Sie den kleinen Fliegern nur Gutes tun.

Das richtige Timing

Ob Sie das ganze Jahr über füttern wollen, oder erst, wenn wirklich Eis und Schneetreiben herrschen: Es gibt für beide Varianten gute Argumente. Ausschlaggebend für die Entscheidung ist letztlich auch, wie das natürliche Futterangebot in Ihrer Umgebung ist und wie die Landschaft aus Sicht der Vögel zu bewerten ist, in der sie leben. Wollen Sie darüber genauere Auskunft erhalten, nehmen Sie Kontakt zu einer örtlichen Naturschutzvereinigung auf. Mit vereinten Kräften ist man ohnehin stärker als ein Einzelkämpfer in Sachen Vogelschutz.

Haben Sie sich einmal für die Vogelfütterung entschieden, ist eine gewisse Verlässlichkeit jedoch wichtig, denn die Tiere gewöhnen sich an die regelmäßige Futtergabe. Am besten, Sie kontrollieren einmal täglich zu einer bestimmten Tageszeit die Futterstelle, entsorgen alt gewordenes Futter und Kot und füllen nach Bedarf nach.

Energieverschwendung

Vögel verlassen sich auf beliebte Futterstellen und es kostet viel Energie, wenn sie bei ihren regelmäßigen Kontrollflügen leer ausgehen.

Empfehlenswert für die Winterfütterung ist, damit nicht zu spät anzufangen – am besten im Spätherbst. Schon bevor der Wintereinbruch kommt, suchen Vögel Futterquellen und behalten sie in Erinnerung für schlechte Zeiten. So ersparen Sie den Vögeln lange und energieraubende Suchflüge.

Futter – Nachfrage bestimmt Angebot

Die Geschmäcker sind bekanntlich verschieden – auch bei Vögeln. Jede Vogelart hat eigene Vorlieben und Bedürfnisse, wenn es ums Essen geht. Wollen wir also das Richtige auf die Menükarte setzen, ist eine erste Orientierung ratsam, welche Vögel überhaupt in der Nähe sind.

Im Citybereich der Großstadt und in Stadtparknähe sind Vögel wie Haussperlinge, Blau- und Kohlmeisen, Tauben und Spechte zu Hause. Am grünen Stadtrand und in Kleingärten kommen auch weitere Gäste hinzu, wie Heckenbraunelle, Zaunkönig, Kleiber und das neugierige Rotkehlchen. In Waldnähe schneit vielleicht sogar ein Eichelhäher auf Nussjagd herein und auf dem Land bekommen Sie gelegentlich einen bunten, mittlerweile seltenen Gartenbesucher zu Gesicht: den Stieglitz.

Je nach Lebensraumbedingungen finden sich verschiedene Vögel an Ihrer Futterstelle ein. Am besten haben Sie für jeden Geschmack etwas im Angebot. Je vielseitiger die Auswahl im Menü, desto vielfältiger ist die gefiederte Gästeschar. Falls Sie nicht so genau wissen, welche Vögel bei Ihnen zu Hause sind, macht das auch nichts. Ein abwechslungsreiches Futterangebot ist die beste Art, seine Nachbarn einzuladen und kennenzulernen.

Für Nussknacker oder spitze Schnäbelchen?

Die meisten Vögel haben eine Vorliebe für bestimmtes Futter. Oft genügt schon ein Blick auf den Schnabel, um zu erkennen, ob der kleine Flieger kräftig Körner und Samen knackt oder lieber weiche Rosinen, Insekten oder Obst pickt.

Da gibt es die Körnerfresser wie Finken und Sperlinge, die gern Samen verschiedener Getreide, Sonnenblumenkerne, Hanf- und Rapssaat, Hirse und Ähnliches aus Körnerfuttermischungen knacken. Viele Körnerfresser lieben auch gehackte Kürbiskerne, Nüsse und Bucheckern.

Dann gibt es die Weichfresser mit dünnen und spitzen Schnäbeln, die lieber Insekten oder Früchte fressen. Dazu gehören Rotkehlchen, Zaunkönig und Amsel. Ihr Futter picken sie am liebsten vom Boden. An der Futterstelle können wir ihnen Äpfel und Birnen, verschiedene klein geschnittene Früchte, Trockenobst wie Rosinen und Pflaumen, zerbröselte Fettfuttermischungen oder auch in heißem Öl getränkte Haferflocken anbieten.

Lebendfutter …

Möchten Sie den Vögeln im Winter einmal etwas besonders Gutes tun? Ein besonderer Leckerbissen sind Mehlwürmer. Diese sind sehr nahrhaft und immer schnell verputzt!

Rotkehlchen lieben Mehlwürmer!

Der Zaunkönig hat einen schlanken Weichfresserschnabel.

Der Grünfink ist mit seinem kräftigen Schnabel ein typischer Körnerfresser.

Und dann gibt es wie immer auch die Allesfresser. Dazu zählen Blau- und Kohlmeisen, Kleiber und Spechte, die ihre sonstige Vorliebe für Insekten aufgeben, und – wenn es sein muss – auch Körner und anderes Futter aufnehmen. Besonders beliebt sind bei ihnen Fettfuttergemische wie Meisenknödel und Ähnliches, die gern am Baum hängend oder aus Ritzen aufgenommen werden. Grundsätzlich sind aber alle Wintervögel große Anpassungskünstler, die ihre Nahrung auf das aktuelle Angebot umstellen.

Frech und als erstes zur Stelle: Die Blaumeise ist bei der Futterwahl wenig wählerisch.

Fett muss sein

Besonders im Winter liefert ein ausreichender Fettgehalt des Futters wichtige Energie. Die Vögel haben wenig Zeit für die Futteraufnahme und müssen in kürzester Zeit so viel Energie wie möglich aufnehmen, denn lange Futtersuche und eiskalte Temperaturen sind sehr kraftraubend.

Im Handel angebotene oder selbst gemachte Fettfutterblöcke, Meisenknödel und Meisenringe sind daher für viele Vögel im Winter ideal. Für Vielfalt sorgen verschiedene Sämereien, Früchte oder Insekten, die unters Fett gemischt werden. Werden die Fettfutterblöcke aufgehängt, freuen sich Meisen, Sperlinge und Spechte. Weichfresser wie Rotkehlchen oder Amsel nehmen lieber die kleingebröselte Masse vom Boden auf. Ein Vorteil hierbei ist auch, dass die Samen durch das Fett vor Nässe am Boden geschützt sind.

Streichen Sie das noch warme Fett-Körner-Gemisch darüber hinaus an Baumrinde oder in Baumritzen, stehen die Chancen sehr gut, auch einen sonst selten zu sehenden Baumläufer zu beobachten. Mit ihren spitzen, nach unten gebogenen Schnäbelchen können sie das Futter restlos aus der Rinde herauspicken. Sonst klettern die unauffälligen Vögel flink die Baumstämme empor und sind, ehe Sie sie richtig erkannt haben, schon wieder verschwunden. Das liegt sicher auch an ihrer perfekten Tarnung. Mit ihrer graubraunen Farbe fallen sie auf der Baumrinde kaum auf. Beim Picken an den präparierten Baumritzen lassen sie sich dann ausnahmsweise gut beobachten.

Kopfunter den Stamm hinunter

Auch Kleiber lieben Fettfutter in Baumritzen. Die laut rufenden Vögel mit der schwarzen Augenmaske können als einzige unserer heimischen Vögel kopfunter am Baum klettern.

Das richtige Futter

Gute Futterqualität ist ausschlaggebend für die Gesundheit der munteren Flieger. Menschliche Speisereste sind nicht geeignet, denn Salz, Gewürze oder falsche Fette belasten den kleinen Vogelkörper zu sehr und führen zu Problemen. Auch Brot ist nicht empfehlenswert, denn es quillt im Magen der Vögel zu stark auf.

Achten Sie beim Kauf von Vogelfuttermischungen auf die Bezeichnung „Premium-Futter“. Wichtige Gütemerkmale sind hierbei gewährleistet. Schalten Sie auch Ihre Nase ein: Riechen Meisenknödel und andere Futtersorten unangenehm oder sehen merkwürdig aus, verfüttern Sie sie bitte nicht mehr. Sie haben vielleicht das Haltbarkeitsdatum schon längst überschritten und könnten die Vögel krank machen. Verfüttern Sie grundsätzlich nur das, was Sie vielleicht in ein schmackhaftes Müsli gemischt auch selbst noch essen würden …

Unangemeldeter Besuch

Auch Greifvögel wie der Sperber suchen sich manchmal ihre Nahrung am Futterhäuschen. Sie interessieren sich aber nicht für die Sonnenblumenkerne, sondern für kleine Singvögel. Auch das ist natürlich und sollte toleriert werden.

Die richtige Futterstelle

Ob nun Meisenknödel, Futterhäuschen oder ein Futtertablett am Boden – jede Futterstelle hat ihre Vorteile und wird von verschiedenen Vögeln bevorzugt.

Für die Akrobaten unter den Vögeln eignen sich besonders Meisenknödel und -ringe, oder auch Futterspender, Silos und Fettfutterblöcke. Diese sind sehr hygienisch und wartungsarm, denn sie haben den Vorteil, dass Kot und Essensreste einfach zu Boden fallen.

Eine Weidenmeise tut sich am reichhaltig gefüllten Futtersilo gütlich.

Das bei Vögeln und Menschen gleichermaßen beliebte klassische Vogelhäuschen ist für eine bunte Vogelschar geeignet. Sie sollten es allerdings regelmäßig ausbürsten und mit kochendem Wasser reinigen, da die Vögel hier ihren Kot hinterlassen. Sehr gut geeignet sind Häuschen mit integriertem Silo. Sie müssen nicht jeden Tag nachlegen und können auch ein paar Tage Abwesenheit gut überbrücken.

Für Vögel mit „Bodenhaftung“, die ihre Nahrung lieber vom Boden aufnehmen, können Sie das Futter auf ein kleines Tablett auf den Boden legen. So ist es vor Feuchtigkeit von unten geschützt. Buchfink, Amsel und Heckenbraunelle freuen sich hier über Weich- und Fettfutter, Früchte oder Sämereien.

Um verschiedene Vögel anzulocken und unterschiedliche Vorlieben der gefiederten Gourmets zu bedienen, bieten Sie am besten mehrere Futterstellen und verschiedenes Futter zur Auswahl an. Nutzen Sie unterschiedliche Plätze im Garten, die vor Katzen und Hunden sicher sind und in sicherer Entfernung zu Fensterscheiben liegen. Ein Gebüsch oder ein Baum in der Nähe wird von vielen Vögeln zum Anfliegen bevorzugt und bietet ihnen Sicherheit.

Rezepte zum Selbermachen

Die im Handel erhältlichen Fettfuttermischungen bestehen aus pflanzlichen und tierischen Fetten, denen verschiedenste Sämereien, Nüsse und Kerne beigemengt sind. In unterschiedlichen Formen angeboten, ist dies ein ideales Futter für die meisten hungrigen Schnäbel im Winter.

Wir zeigen Ihnen das Grundrezept, über das sich vor allem Meisen und Spatzen freuen, sowie Abwandlungen für Weichfresser wie Rotkehlchen und Amsel.

Meisenkokosspeise

Das sollten Sie auf dem Einkaufszettel haben:
250 g Rindertalg vom Fleischer oder Kokosfett aus dem Supermarkt
2 Esslöffel Pflanzenöl
2 ganze Kokosnüsse
400 g Körner-Früchtemischung (was das Herz begehrt: Sonnenblumenkerne, Haferflocken, verschiedene gehackte Nüsse und Kürbiskerne, ungeschwefelte Rosinen, Getreidekörner, andere Sämereien aus Vogelfuttermischungen)

Die Meisenkokosspeise ist nicht nur bei Kohlmeisen beliebt.

So wird's gemacht:
Sägen Sie als Vorbereitung die Kokosnüsse quer in der Mitte auf und lassen Sie die Flüssigkeit ablaufen. Das Fruchtfleisch können Sie selber naschen oder den Vögeln damit eine Freude machen. Oben in der Hälfte ein Loch bohren und eine Kordel zum späteren Aufhängen daran befestigen. Dann das Fett in einem weiten Topf erwärmen, bis es flüssig ist. Bitte nicht kochen! Pflanzenöl zugeben, damit die erkaltete Masse nicht brüchig wird. Dann alle weiteren Zutaten untermengen und kräftig umrühren. Die Masse abkühlen lassen und in halb erstarrtem Zustand in die Kokosnusshälften streichen. An einer guten Stelle mit freiem Anflug in den Baum hängen. Meisen, Spechte und Spatzen freuen sich darauf.

So können Sie variieren:
- Benutzen Sie statt Kokosnuss einen Blumentopf aus Ton. Hier bitte ein Stöckchen von innen an der Kordel befestigen oder in die noch knetfähige Masse stecken. So können sich die Vögel beim Picken festhalten.
- Formen Sie Knödel oder Würste aus der Masse. Vergessen Sie nicht, das Aufhängeband mit einzuarbeiten. Kreative Köpfe formen Fantasiefiguren oder Figuren mit Ausstechförmchen.
- Formen Sie Knödel um Stöckchen herum für Vögel, die sich lieber festhalten.
- Streichen Sie die noch warme Masse in Rindenritzen der Bäume. Das lockt Spechte, Kleiber und selten zu beobachtende Baumläufer an.

Rotkehlchenmüsli

Rotkehlchen sind Weichfresser und nehmen ihr Futter lieber vom Boden auf. Hier finden Sie ein Rezept für fetthaltiges Weichfutter: Das schmeckt besonders Rotkehlchen, aber auch andere Weichfresser wie Zaunkönige und Stare picken sich davon etwas heraus.

Das ist die richtige Mischung:

- Erwärmen Sie 200 ml Sonnenblumen- oder Olivenöl mit 500 g Haferflocken, bis die Flocken das Öl aufgenommen haben, dann abkühlen lassen,
- ungeschwefelte Rosinen dazu,
- wer mag: Mehlwürmer getrocknet oder lebendig (aus dem Zoofachgeschäft) zugeben,
- Fettfutter (siehe Meisenkokosspeise) mit weniger Sämereien, sondern mit mehr weichen Zutaten wie Haferflocken, Kleie, Rosinen und Trockenobst zubereiten und zerbröseln.
- Streuen Sie alles auf der Boden-Futterstelle aus und stoppen Sie die Zeit, bis das erste neugierige Rotkehlchen zur Stelle ist.

Amsel-Fruchtcocktail

- Amseln und weitere Drosselarten lieben ebenfalls Weichfutter und haben eine besondere Vorliebe für Obst und Beeren. Manchmal wundert man sich, wie sie es selbst bei klirrenden Minusgraden noch schaffen, tiefgefrorene Äpfel anzupicken. Mit weichem Futter hat dieses eisharte Obst jedenfalls herzlich wenig zu tun! Um Amseln eine Freude zu machen, verteilen Sie folgende Zutaten auf die Futterstelle am Boden:
- Ganze oder halbierte Äpfel und Birnen,
- ungeschwefeltes Trockenobst wie Rosinen, Pflaumen, Aprikosen,
- im Herbst getrocknete oder gefrostete Wildbeeren, zum Beispiel von Holunder, Weißdorn, Vogelbeere und Hagebutte,
- zerkrümeltes Fettfuttergemisch dazu – fertig!

Ein Erlenzeisig löscht seinen Durst an der Tränke.

… dazu ein edler Tropfen Gänsewein

Auch im Winter ist Wasser für Vögel unentbehrlich und oft schwer zu finden. Ob als Tränke oder Badewanne: Eine flache Schüssel, die wenige Zentimeter hoch mit Wasser gefüllt ist, lockt viele Vögel an. Legen Sie noch einen Stein in die Mitte und stellen Sie die Schüssel auf einen erhöhten Platz. Achten Sie auch darauf, dass die Tränke sicher steht und unbemerkt anschleichende Katzen keine Chance haben.

Wechseln Sie das Wasser am besten täglich und kochen Sie die Schale einmal im Monat aus, um die Ausbreitung von krankmachenden Keimen zu verhindern. Bei nicht zu tiefen Frosttemperaturen gießen Sie ab und zu heißes Wasser nach, damit Eis wieder flüssig wird. Dann können Sie staunen, wie hart im Nehmen einige Flieger wirklich sind: Buchfinken baden sogar auf schmelzendem Eis noch gern.

Bei eiskalten Temperaturen verzichten Sie allerdings besser auf die Gabe von warmem Wasser: Das Wasser im Gefieder der Vögel könnte blitzschnell gefrieren und sie am Fliegen hindern oder sogar tödlich auskühlen.

Vögel kennenlernen – mit Kindern

Wenn Sie mit Kindern Vögel an der Futterstelle beobachten, spielen Sie doch zur Abwechslung mal ein Spiel, das genaues Hinschauen und Fantasie erfordert: Tun Sie so, als seien Sie Vogelforscher auf Expeditionsreise, die gerade viele neue Arten entdeckt haben und jetzt die Erstbeschreibung machen. Tragen Sie die Eigenschaften der Vögel zusammen:

- Wie ist das Federkleid gefärbt?
- Mit was für einem Schnabel wird welche Nahrung gepickt?
- Ist der Vogel eher zurückhaltend oder mutig und draufgängerisch?

Denken Sie sich je nach Aussehen und Verhaltensweisen lustige und treffende Namen für die Vögel aus. Mit Kindern, die gerne malen, können Sie auch gemeinsam eine Zeichnung anfertigen. Schauen Sie später im Bestimmungsbuch nach, wie die Tiere richtig heißen. Hoffentlich ist es nicht allzu schwierig, dann auch die offiziellen Namen im Gedächtnis zu behalten.

Verschiedene Temperamente am Futterhaus

Nun haben Sie unterschiedliches Futter für jeden Geschmack an mehreren Futterstellen verteilt. Das ist eine verlockende Einladung zum Essen für Ihre hungrigen gefiederten Nachbarn. Der Appetit der Vögel ist groß: Jetzt kann das bunte Treiben losgehen!

Mit Fernglas und Bestimmungsbuch sind Sie gut gewappnet für Ihre Beobachtungen. Etwas Zeit sollten Sie sich auch nehmen, denn diese tolle Live-Naturdoku wird Sie und Ihre Kinder so schnell nicht wieder loslassen! Nicht nur das Aussehen der verschiedenen Vögel ist spannend, sondern vor allem auch ihr unterschiedliches Verhalten. Alle Temperamente zwischen zurückhaltend, draufgängerisch und dominant sind dabei. Ob nun einzelkämpferisch oder stark im Team: So verschieden die Charaktere der Menschen sind, sind die der Vögel allemal!

Flinke Meisen

Am Futterhaus stehen die Chancen besonders gut, die verschiedenen Vogelarten kennenzulernen. Hier lassen sie sich aus aller Nähe und in Ruhe beobachten und Sie werden sehen, dass Sie mit etwas Übung gut voneinander zu unterscheiden sind.

Diejenigen, die sich meist als erstes neugierig an der Futterstelle einfinden, sind Meisen. Es gibt viele verschiedene Arten von ihnen, die teilweise nicht ganz einfach zu unterscheiden sind. Am häufigsten kommen sicher Blaumeisen und Kohlmeisen vor.

Die kleinen Blaumeisen (Foto Seite 38) sind kaum zu verwechseln: Das blaue Federkäppchen auf dem Kopf, das ihnen den Namen eingebracht hat, können sie bei besonderer Erregung aufstellen. Das weiße Gesicht mit dem schwarzen Augenstreif und der gelbe Bauch lässt sie wirklich farbenfroh aussehen. Außerdem ist es eine große Freude, ihnen zuzuschauen, denn die kleinen mutigen Flieger turnen meist kopfüber an dünnen Zweigen oder am Meisenknödel herum und picken geschickt etwas zu Fressen heraus. Und schüchtern sind sie auch nicht: Vor Menschen haben sie wenig Scheu und sie trauen sich sogar manchmal, der um einiges größeren Kohlmeise einen Happen abzujagen.

Die Kohlmeise (Foto Seite 13) ist unsere größte Meise und hat einen kohlrabenschwarzen Kopf mit weißem Gesichtsfeld. Auf dem gelben Bauch ist ein schwarzer Streifen zu sehen, mit dessen Hilfe Sie sogar die Geschlechter unterscheiden können.

Unter den Bauch geschaut

Auf den ersten Blick sehen die Kohlmeisen gleich aus, doch schauen Sie ihnen doch einmal ganz unauffällig auf das Bäuchlein: Beim Männchen (Foto Seite 13) ist der schwarze Bauchstreifen breiter und viel kräftiger gefärbt als beim Weibchen.

Auch die Kohlmeise ist gut im Klettern und wenig zurückhaltend, wenn es ums Futter geht.

Beobachten Sie doch einmal, wie sich zwei Meisen um ein Futterkörnchen streiten. Die Drohgebärde mit weit auseinander gespreizten Flügeln ist beeindruckend und schlägt oft den Gegner in die Flucht!

Links: Als geselliger Kulturfolger überall bekannt: Haussperling, hier ein Männchen.

Rechts: Der Verwandte vom Lande: Feldsperling.

Meisen können mit ihren spitzen Schnäbeln Futter übrigens schlechter zerkleinern als beispielsweise Finken. Für deren kräftigen Schnäbel ist es ein Leichtes, die Körner einfach zu zerquetschen. Meisen müssen die Schalen der Sonnenblumenkerne erst aufmeißeln, bevor sie sich das nahrhafte Innere schmecken lassen können. Oft kann man sie dabei beobachten, wie sie die Kerne mit dem Fuß festhalten und darauf eifrig herumpicken.

Gesellige Sperlinge

Ein Spatz kommt selten allein ... Die geselligen Vögel kommen meist immer in einer Gruppe zum Futterhaus. Eine ergiebige Futterstelle spricht sich unter ihnen rasch herum und schnell ist eine lauthals tschilpende Spatzentruppe zur Stelle. Spatzen suchen ihre Nahrung lieber am Boden, aber immer wieder trauen sich auch einige Feldsperlinge an den Meisenknödel heran und machen den Meisen ihr Futterrevier streitig.

Doch Spatz ist nicht gleich Spatz. Der häufigste ist der braungraue Haussperling, bei dem Männchen und Weibchen leicht zu unterscheiden sind. Die Weibchen sind auch am Kopf braungrau gefärbt, während das Männchen am braun-grau-schwarzen Kopfmuster zu erkennen ist.

In ländlichen Gebieten gesellt sich auch noch der Zwillingsbruder Feldsperling hinzu. Hier kann man die Geschlechter allerdings nicht unterscheiden. Sie sehen dem

Ein Kernbeißer mit seinem kräftigen Schnabel und typisch strengem Blick.

Haussperlingsmännchen ähnlich, haben aber eine schokobraune Kopfplatte und schwarze Flecken auf den weißen Wangen, die aussehen wie Kopfhörer.

Amsel, Drossel, Fink und ...

Und dann sind da noch die anderen Gesellen der Vogelschar. Die Amsel hüpft unruhig auf dem Boden herum und stöbert gern in altem Laub herum – auf der Suche nach Insekten und Spinnen. Dazwischen huscht schnell der winzige Zaunkönig (Foto Seite 37) von Busch zu Busch – fast hätten wir ihn mit einer Maus verwechselt. Das Rotkehlchen (Foto Seite 2/3) liebt es eher zurückhaltend, ist aber trotzdem durch seine Neugier häufig zu beobachten.

Und dann ist vielleicht auch der Buchfink (Foto Seite 18) zu Besuch. Im Winter trifft man allerdings meist nur die Männchen an, die von den Weibchen in der Kälte zurückgelassen werden. Die Weibchen bevorzugen etwas mildere Temperaturen und ziehen gen Süden oder Westen. Deshalb heißt der Buchfink mit seinem wissenschaftlichen Namen auch „der ledige Fink“. Am Futterhaus werden Buchfinken oft von Grünfinken (Foto Seite 37) verdrängt. Die dominanten Vögel treten meist in Gruppen auf und beanspruchen den Platz dann für sich. Doch wenn der „Finkenkönig“ eintrifft, räumen alle den Platz: Der Kernbeißer mit seiner Größe und dem mächtigen Schnabel ist als Raufbold am Futterplatz allseits gefürchtet.

Gekauft oder selbst gemacht?

Der Handel hat für Vogelfreunde eine wahre Fundgrube guter und weniger guter Futterqualitäten sowie Häuschen, Spender und Ähnliches im Angebot. Aber Gutes muss nicht immer gekauft sein: Bauen Sie sich doch ihr individuelles Vogelhäuschen einfach selbst, Sie finden es garantiert in keinem zweiten Garten. Oder werden Sie zum Vogel-Koch und bereiten Sie das Futter für die gefiederten Gäste selbst zu. Mit Sicherheit ein großer Spaß für die ganze Familie!

Vogelhaus Marke Eigenbau

In diesem einfach zu bauenden Futterhaus können Sie Körnerfuttermischungen anbieten. Das Futter ist gut vor Witterungseinflüssen geschützt und wird von verschiedenen Vögeln wie Meisen, Sperlingen oder Finken besucht.

Der Vorteil im Vergleich zum klassischen Futterhäuschen ist das integrierte Silo aus Plexiglas, in das Sie immer etwas Futter auf Vorrat einfüllen können. Für die Vögel ist das Futter im Spender gut sichtbar. Es rutscht erst dann nach, wenn die Vögel die Sämereien von der Bodenplatte gefressen haben.

Ein weiterer Vorteil ist auch, dass die Vögel ihren Kot nicht im Futter hinterlassen können. So brauchen Sie sich

So sieht das Futterhaus mit Silo aus.

weniger um die Wartung kümmern, sondern können mehr Zeit mit der Vogelbeobachtung verbringen.

Diese Materialien und Werkzeuge benötigen Sie:
Die Holzteile bestehen aus 18 mm starkem Vollholz (Fichte, Kiefer, Lärche oder Tanne).

Material für das Futterhaus

Nummer	Anzahl	Name	Material	Länge (mm)	Breite (mm)
1	1	Bodenplatte	Holz 18 mm	250	200
2	2	Seitenleiste Boden	Holz 18 mm	250	50
3	2	Seitenleiste Boden	Holz 18 mm	236	50
4	2	Seitenteil	Holz 18 mm	270	200
5	2	Seitenscheiben	Plexiglas	250	160
6	1	Dachplatte schmal	Holz 18 mm	310	200
7	1	Dachplatte breit	Holz 18 mm	310	218
8	1	Dachfirst	Holz 18 mm	310	50
9	1	Dachfirst	Holz 18 mm	310	68

Zusätzlich brauchen Sie:

- 2 oder 3 rostfreie Scharniere, max. 18 mm breit (muss auf die schmale Seite des Dachfirsts passen),
- ca. 40 rostfreie Schrauben (z. B. Edelstahl), Größe ca. 4 × 40 mm,
- für die Scharniere rostfreie Schrauben zum Befestigen, Größe ca. 3 × 15 mm, aber achten Sie auf die Größe der Löcher an Ihren Scharnieren,
- eventuell Akkubohrer zum Vorbohren,
- Holzhandbohrer,
- Schraubendreher,
- zur Aufhängung am Ast entweder 2 Ösenschrauben und Draht oder einen Holzpfahl, auf dem das Futterhäuschen mit zwei Winkeln (Fläche 40 × 60 mm) befestigt wird.

Hier sehen Sie die Bauteile für Ihr Futterhaus (ohne Plexiglas).

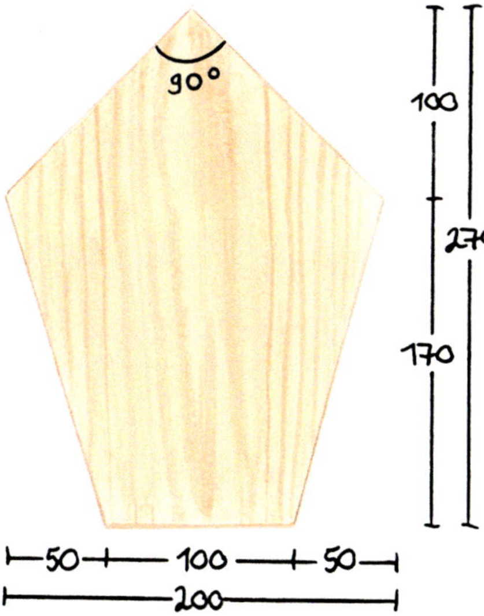

So sägen Sie die Seitenbretter zu.

So kann das Futterhaus aufgeklappt und befüllt werden.

Die Holzteile und Plexiglasscheiben können Sie entweder selbst zu Hause zusägen oder bereits im Baumarkt zurechtsägen lassen. Lediglich für die Seitenteile müssen Sie dann noch selbst Hand anlegen, in der Tabelle sind die Maße für die zwei Grundbretter, aus denen Sie nach der Zeichnung dann die Seitenteile aussägen können.

So wird's gemacht:

- Für längere Haltbarkeit sollten Sie das Holz vor der Montage mit einer umweltfreundlichen, lösungsmittelfreien Holzschutzlasur oder Farbe streichen. Besonders umweltschonend und natürlich ist es, wenn Sie erwärmtes Bienenwachs mit einem sauberen Baumwolltuch oder Pinsel in das Holz einarbeiten.
- Legen Sie alle benötigten Bauteile zurecht und verschaffen Sie sich zuerst einen Überblick. Dann kann die Montage beginnen. Bei weichem Holz können Sie die Schrauben ohne Vorbohren direkt einschrauben. Eine provisorische Fixierung der Teile mit wenigen Nägeln ist dabei möglich. Ansonsten können Sie auch alle Löcher vorbohren.
- Beginnen Sie zuerst mit der Bodenplatte (1): An der langen Seite schrauben Sie die längeren Seitenleisten (2) mit drei Schrauben, an der kurzen Seite die kürzeren Seitenleisten (3) mit ebenfalls drei Schrauben fest.
- Dann schrauben Sie die Seitenwände (4) mit jeweils zwei Schrauben von unten am Bodenbrett fest. Die Seitenwände liegen innerhalb der Seitenleisten. Achten Sie darauf, dass sie sich genau gegenüberstehen.
- Danach folgt die Anbringung der Plexiglasscheiben (5). Hier ist Vorsicht geboten: Damit die empfindliche Scheibe nicht splittert oder bricht, empfiehlt sich ein vorsichtiges Vorbohren mit einem Handbohrer für Holz. Fixieren Sie die Plexiglasscheiben an beiden Seiten mit jeweils drei Schrauben an den Seitenwänden. Zur Bodenplatte bleibt ein Spalt von knapp zwei Zentimetern übrig, durch den später das Futter nachrutschen kann.
- Dann bringen Sie die erste Dachplatte an: Die schmalere Dachplatte (6) wird mit jeweils drei Schrauben auf den Seitenwänden befestigt, sie schließt oben bündig mit der Spitze der Seitenwand ab.
- Das Dach bekommt einen schmückenden und praktischen Dachfirst: Die zwei Extraleisten sorgen dafür, dass

Fertig! Eine bunte Besucherschar am selbst gebauten Futterhäuschen.

kein Wasser von oben eindringen kann. Dafür die schmalere Dachfirstleiste (8) wie in der Zeichnung zu sehen an die lange Seite der breiteren Dachplatte (7) schrauben, sodass beide oben bündig abschließen. Dann die breitere Firstleiste (9) rechtwinklig an diese Konstruktion anschrauben.

- Damit man das Dach später zum Befüllen aufklappen kann, befestigen Sie diese Konstruktion wie in der Zeichnung zu sehen mit zwei Scharnieren an der bereits angeschraubten Dachplatte.
- Zur Anbringung des fertigen Häuschens haben Sie zwei Möglichkeiten: Entweder Sie befestigen an den Seitenteilen zwei Ösenschrauben und hängen das Futterhäuschen mit Draht an einen stabilen Ast. Oder Sie schrauben das Haus mit zwei Winkeln auf einem Pfahl und stellen es an einer geschützten Stelle auf. Die optimale Höhe liegt zwischen 1,50 und 1,80 Metern.

Basteln mit Kindern: Vogelfutter-Mobile

Die Blaumeise freut sich über ihren Adventskranz aus Erdnüssen.

Besonders Kindern macht es Spaß, Vogelfutter herzustellen und etwas Schönes daraus zu basteln. Für einen kreativen Bastelnachmittag mit Ihren Kleinen ist ein Vogelfutter-Mobile sehr gut geeignet.

Dafür binden Sie einen einfachen Kranz aus Weidenzweigen oder suchen direkt einen Ast am Baum. Dort hängen Sie verschiedenes Futter in kleinen Portionen in ausreichendem Abstand voneinander auf. Sehr gut geeignet sind dafür Meisenknödel, an einer Kordel aufgefädelte Erdnüsse in der Schale, in Ringe geschnittene Äpfel oder eine abgeschnittene Dolde mit Vogelbeeren. Sicher kommen beim Basteln noch weitere Ideen für das dekorative Mobile. Die schönste Belohnung ist dann eine bunte, geflügelte Besucherschar, die sich das Futter schmecken lässt!

Nusskranz

Erdnüsse in der Schale können die Kinder auch auf einen Draht fädeln und diesen zum Kranz biegen. Noch ein Schleifchen – sehr weihnachtlich!

Eulen und Greifvögeln im Winter helfen

Wenn längere Zeit über hoher Schnee liegt, wird es auch für Waldkauz und Mäusebussard schwierig, genug Nahrung zu finden. Mäuse, die Leibspeise der Waldkäuze, trippeln in ihren Gängen unter dem Schnee und sind den scharfen Augen und Ohren der lautlosen Jäger der Nacht verborgen.

Der Waldkauz findet jetzt weniger Mäuse.

Doch besonders in rauen Wintern braucht der Waldkauz genug Nahrung, denn jetzt ist die Fortpflanzungszeit bei Familie Waldkauz. Auch in der Stadt kann man in klaren Winternächten das schaurige „Huhu" von weit her hören, denn Eulen überwintern gern auch in der Nähe von Friedhöfen und Gärten. Hier sind die Temperaturen oft milder und das Beutemachen leichter.

Um Greifvögeln und Eulen im Winter die Jagd etwas zu erleichtern, können Sie eine „Mäuseburg" anlegen: Schaufeln Sie einige Quadratmeter in freier Feldflur oder am Waldrand schneefrei. Verteilen Sie darauf einen kleinen Haufen Heu und einige Hände voll Getreidekörner. Das ist ein unwiderstehliches Plätzchen für Mäuse. In einigen Metern Abstand dient ein drei bis vier Meter hoher Pfahl mit einer oben befestigten Querlatte den blitzschnellen Jägern als Ansitz.

Was Nahrungsreste verraten

Unter der Ansitzstange finden sich oft sehr interessante Fundstücke: Gewölle von Eulen und Greifvögeln. Die trockenen, wurstförmigen Gebilde bestehen aus unverdaulichen Nahrungsbestandteilen, die wieder hervorgewürgt werden. Ob das Gewölle von Eulen oder Taggreifvögeln stammt, lässt sich leicht erkennen. Zwischen den Haaren findet man in den Speiballen der Eulen noch zahlreiche Knochen der Beutetiere. Experten können daraus fast ein gesamtes Skelett, beispielsweise der erbeuteten Maus, rekonstruieren und erhalten wichtige Aussagen über das Vorkommen bestimmter Kleinsäugerarten in einem Gebiet. Die starke Magensäure der Taggreifvögel zersetzt die kleinen Knochen allerdings schnell, sodass sie nicht mehr im Gewölle zu finden sind.

Igel, Siebenschläfer & Co.

Auch für unsere Säugetiere können Sie viel tun, damit diese den Winter draußen gut überstehen. In einem Garten, der im Herbst nicht ganz sauber aufgeräumt wird, finden Igel & Co. Nahrung und Unterschlupf. Gehen Sie doch nach einem Schneefall einmal auf Spurensuche – wer hält sich denn jetzt noch in Ihrem Garten auf?

Igel – verschlafene Stachelritter

Die kleine, rundliche Gestalt, die schwarzen Knopfaugen und die spitzen Stacheln, die sich besonders eindrucksvoll zeigen, wenn sich der Igel bei Gefahr einrollt: Igel sind einfach faszinierende Tiere. Dabei leben die dämmerungs- und nachtaktiven Einzelgänger eher zurückgezogen und man kann sich freuen, wenn man einem Igel auf seinem Streifzug über den Weg läuft.

Besonders im Herbst wird immer ausdauernder nach schmackhaften Insekten, Würmern und Schnecken gesucht, denn nun muss sich das Stacheltier ein dickes Fettpolster für seinen Winterschlaf zulegen. Jetzt können Sie am Abend in Gärten mit viel Fallobst oder in der Nähe vom Komposthaufen sein lautes Schnaufen hören. Das unüberhörbare Schmatzen beweist, dass er eine leckere Mahlzeit gefunden hat.

Ab November suchen sich die Igel ein geschütztes Versteck in Laubhaufen oder Hecken. Hier verbringen sie – zu einer kleinen Kugel zusammengerollt – die kalte Jahreszeit und halten mindestens fünf Monate Winterschlaf. Bei ihren Träumen vom Sommer sollten sie ungestört sein.

Im Laubhaufen kann der Igel den Winter gemütlich verschlafen.

Im Herbstlaub finden Igel reiche Auswahl an Futter für den Winterspeck.

Diese Gärten lieben Igel

Wollen Sie Igeln über den Winter helfen und haben Sie einen Garten, gestalten Sie diesen so naturnah wie möglich. Hier findet der Igel genügend Nahrung, um sich den überlebenswichtigen Winterspeck anzufressen. Auch einen gemütlichen Unterschlupf für den langen Winterschlaf gibt es im Naturgarten.

Einen Igel-Garten schaffen

So machen Sie aus Ihrem Garten ein wahres Igel-Paradies, in dem die Stacheltiere genügend Nahrung und Schutz finden und den Winter gesund verschlafen können:

- Legen Sie Hecken aus einheimischen Pflanzen an. Sie bieten vielen heimischen Kleintieren Lebensraum. Diese wiederum vertilgt der Igel gern. Schneiden Sie die Sträucher so, dass die unteren Äste den Boden berühren, denn das bietet den besten Schutz. Dornige Sträucher wie Schlehe und Hundsrose halten Hunde und Füchse fern.
- Lassen Sie Laub, tote Äste und Fallobst liegen, auch das zieht Insekten und Kleintiere an. Auch ein Kompost und eine „wilde Ecke“ im Garten bieten vielseitige Nahrung für Igel.

- Verzichten Sie auf Pflanzenschutzmittel im Garten, denn das schadet den Igeln und vielen anderen Tieren! Schneckengift vergiftet auch Igel und chemische Pflanzenschutzmittel töten Insekten, die der Igel zum Fressen braucht.
- Igel legen auf Nahrungssuche weite Strecken zurück. Erleichtern Sie ihm seine Wanderungen, indem Sie Löcher von mindestens 10 × 10 Zentimeter im Gartenzaun offen halten. Die Zaunseite zur Straße sollte allerdings geschlossen sein, damit Igel nicht im Straßenverkehr umkommen. Bestens geeignet sind natürliche Begrenzungen wie Hecken. Hier können die Tiere gut hindurchschlüpfen oder Schutz finden.
- Gesunde Igel brauchen Sie nicht extra zu füttern. Sie sind zwar gern in der Nähe von Menschen, aber als Wildtiere an ein Leben in der Natur angepasst.
- Igel werden lieber angesehen als angefasst. Aus respektvoller Distanz können Sie die kleinen Stacheligen wunderbar beobachten.
- Achtung: Teiche oder Regentonnen können bei der Quartiersuche leicht zur Falle werden. Damit die Igel in der Wasserstelle nicht ertrinken, legen Sie schräg ein angerautes Brett hinein, damit sich der Igel retten kann. Regentonnen decken Sie am besten mit einem Gitter ab. Auch über Lichtschächten und Kellertreppen ist eine Abdeckung sinnvoll.

Geschützte Verstecke für den Winterschlaf

Am liebsten überwintern Igel in natürlichen Laub- und Reisighaufen. Auch in Höhlen unter Baumwurzeln und in dichten Hecken und Dornenbüschen bauen sie ihre Nester. Hilfe für Igel kann ganz einfach aussehen und macht wenig Arbeit: Am besten, Sie räumen Ihren Garten im Herbst nicht allzu säuberlich auf.

Fegen Sie einfach altes Laub und dünne Zweige unter Büsche oder Hecken oder kehren es zu einem frei liegenden Haufen zusammen. Fertig ist der kuschelige Schlafplatz.

Denken Sie daran, nicht nur im Herbst, sondern das ganze Jahr hindurch genug natürliche Unterschlupfmöglichkeiten bereit zu halten. Auch zum Schlafen am Tag und für die Jungenaufzucht bauen Igel Nester. Außerdem nützt dies auch einer Menge anderer Tiere wie Insekten, Spinnen, Fröschen, Eidechsen und vielen mehr.

Gartenabfälle verbrennen?

In einigen Bundesländern ist es erlaubt, Gartenabfälle zu verbrennen. Der Tierwelt zuliebe sollten Sie die Abfälle lieber kompostieren, unterpflügen oder anderweitig entsorgen. Verrottendes Pflanzenmaterial ist ein Lebensraum für viele Kleintiere und ein wichtiger Mosaikstein in einem tierfreundlichen Naturgarten. Einfach liegengelassen oder zu Haufen zusammengekehrt, bietet er vielen Tieren Unterschlupf und Nahrung – darunter auch Igeln. Außerdem liefern die zersetzten Pflanzenteile wertvollen Humus und Nährstoffe für ihre Gartenpflanzen. Wenn möglich, verzichten Sie also auf das Verbrennen von Gartenabfällen. Sollte es doch einmal nötig werden, schichten Sie vorher alles um und schauen gründlich nach, ob nicht ein paar Gäste hier einen Unterschlupf gefunden haben.

So ist eine Igelburg aufgebaut.

Burgzimmer zu vermieten
Etwas aufwendiger ist eine „Igelburg", die man aber auch leicht basteln kann: Legen Sie ein Brett (45 × 45 cm) auf zwei kleine Baumstämme, so ist der Schlafplatz vor Kälte und Nässe von unten geschützt. Stellen Sie nun eine Kiste umgekehrt darauf, die Sie vorher locker mit Stroh oder Laub gefüllt haben und decken Sie sie mit einer wetterfesten Plane ab. Da die Kiste so groß sein sollte, dass sie über das Bodenbrett ragt, müssen Sie noch ein kleines Zugangsloch graben (20 cm Durchmesser, 10 cm tief), damit der Igel auch in seine neue „Burg" schlüpfen kann. Abdecken können Sie das Ganze noch mit Laub und Ästen.

Auch im Handel sind verschiedenste Modelle für Igel-Nisthilfen erhältlich. Eine Auswahl an nützlichen Adressen finden Sie im Anhang.

Reinigung und Pflege
Alle künstlichen Igelhäuser sollten einmal im Jahr gereinigt werden. Am besten geeignet ist die Zeit nach dem Winterschlaf im Frühjahr. Fegen Sie die Unterlage gründlich ab und erneuern Sie das Nistmaterial. So verhindern Sie, dass Krankheitserreger oder Parasiten übertragen werden.

Hilfe für stachelige Vierbeiner

Die ungemütlichen Herbstwinde stürmen übers Land, die Tage werden kälter und kürzer und die Nächte sind schon frostig: Was tun, wenn man jetzt noch einen Igel in der Kälte beobachtet – ist es nicht höchste Zeit, in einem geschützten Nest Winterschlaf zu halten?

Es ist nicht ungewöhnlich, wenn man kurz vor Wintereinbruch im November noch auf einzelne Igel trifft. Sieht der Igel gesund und kräftig aus und ist er wie gewöhnlich in der Dämmerung unterwegs, ist er vermutlich nur „spät dran" und gerade auf der Suche nach einem Winterunterschlupf. Lassen Sie den Igel einfach in Ruhe ziehen, als gesundes Wildtier wird er finden, was er zum Überwintern braucht.

Was aber tun, wenn Sie den Eindruck haben, einen kranken oder schwachen Igel vor sich zu haben? Nach Wintereinbruch bei Schneefall oder Dauerfrost gefundene Igel, die klein und mager sind und sogar am Tag herumlaufen, ist

Vom frühen Wintereinbruch überrascht: Selten lernen Igel Schnee kennen.

Anlass zur Sorge gegeben. Diese Tiere sind wahrscheinlich krank oder geschwächt, haben kein Quartier gefunden oder nicht genug Fettvorrat zugelegt.

Fachmännische Pflege

Überlassen Sie die Betreuung einem Fachmann, der den Igel gesund pflegen oder über den Winter bringen kann. Durch eine schnelle und artgerechte Igel-Erste-Hilfe können Sie aber einen großen Beitrag leisten.

Die richtige Igel-Erste-Hilfe

Hilfe nötig? Welchen Eindruck macht ihr Igel? Ist er krank oder schwach? Gesunde Igel brauchen zum Überwintern mindestens 500 Gramm Körpergewicht. Ist er deutlich leichter, muss er aufgepäppelt werden.

Fachmann gesucht! Informieren Sie sich, wo die nächste Igelstation oder ein Tierarzt in der Nähe ist, bei dem Sie Hilfe bekommen können.

Igel-Taxi vorbereiten: Bereiten Sie für den Transport ein Igel-Taxi vor. Geeignet ist ein großer, hochwandiger Karton, den Sie großzügig mit Zeitung auslegen. Setzen Sie den Igel hinein und geben Sie noch zerknülltes Zeitungspapier oder Stroh dazu. Bringen Sie den Igel nicht nach drinnen – dort ist es viel zu warm. Belassen Sie ihn an einem wettergeschützten Ort im Freien.

Igel-Verpflegung: Vielleicht möchte Ihr vierbeiniger Gast etwas trinken oder essen? Bieten Sie ihm ein Schüsselchen Wasser an – bitte keine Milch! Diese führt zu tödlichen Durchfällen. Geben Sie ihm Katzen- oder Hundedosenfutter zum Fressen oder ein in etwas Öl gebratenes oder gekochtes Ei ganz ohne Gewürze und Salz.

Und jetzt aber los! Haben Sie alle Vorbereitungen getroffen, bringen Sie den Igel-Pflegling so schnell wie möglich zum Fachmann.

Unter Schutz

Bitte denken Sie daran, dass Igel bei uns nach dem Gesetz besonders geschützte Tiere sind. Man darf sie daher nicht aus der Natur entnehmen. Es gibt für Notfälle allerdings Gesetzesausnahmen, die erlauben, hilfebedürftige Igel kurzfristig aufzunehmen.

So ist der Igel fürs Erste gut untergebracht.

Eichhörnchen – mutige Wipfelstürmer

Flink springt das Eichhörnchen im Baumwipfel von Ast zu Ast. Der buschige Schwanz dient dabei perfekt als Steuer, Balancierstange und Fallschirm. Sogar bis sagenhafte fünf Meter Strecke kann das Eichhörnchen bei einem Sprung zurücklegen. Schwindelerregende Höhen und dünne Äste machen dem mutigen Springer dabei gar nichts aus. Beim Hochklettern am Baumstamm hält das lebhafte rotbraune Tier kurz inne und schaut uns neugierig an. Ganz geheuer ist ihm die menschliche Nähe dann doch nicht, und schnell ist es wieder im Geäst verschwunden.

Als Kulturfolger hat sich das Eichhörnchen in unsere direkte Nachbarschaft gewagt. Ursprünglich ein Bewohner von reich strukturierten Mischwäldern, ist es mittlerweile als häufig anzutreffender Bewohner von Gärten und Parks kaum mehr wegzudenken. Sein aufgewecktes Verhalten und die putzige Gestalt bringen ihm große Beliebtheit bei Jung und Alt.

Es ist zwar wenig darüber bekannt, wie viele Eichhörnchen es gibt, man geht aber davon aus, dass der Bestand im Vergleich zu den 1960er-Jahren abgenommen hat. Sie können dem kastanienfarbenen Nussjäger gezielt helfen, indem Sie ihm in harten Wintern Nüsse, Eicheln und Bucheckern als Nahrung anbieten oder ein gemütliches Quartier für die Winterruhe schaffen. Wenn Sie in Ihrem Garten einige Dinge beachten, fühlen sich Eichhörnchen hier sehr willkommen.

Fleißig im Herbst

Die geschäftigste Jahreszeit für die Eichkätzchen ist der Herbst. Jetzt werden Eicheln, Bucheckern, verschiedene Nüsse und andere Baumfrüchte emsig in Vorratslagern untergebracht. Beliebte Geheimverstecke sind Spalten unter Baumwurzeln, kleine Baumhöhlen, selbst gegrabene Löcher im Boden oder auch mal ein ausgedienter Vogelnistkasten.

Da sich Eichhörnchen keinen Winterspeck anfressen, ist weise Voraussicht gefragt: Wenn der Herbst eine reiche Ernte bereithält, wird so viel wie möglich von dem Futter für den Winter zurückgelegt. Beim Wiederfinden helfen ein

gutes Gedächtnis und die sensible Nase: Eichhörnchen können vergrabene Nüsse sogar unter einer 30 Zentimeter dicken Schneedecke riechen! Manchmal ist ein Vorratslager allerdings so gut versteckt, dass es nicht wiedergefunden wird. Gut, dass es auch im Winter noch Zapfen an den Bäumen gibt, deren Samen den Eichhörnchen ebenso gut schmecken. Oder dass es tierliebe Menschen gibt, die Eichhörnchen unterstützen …

Nahrhafte Nüsse liefern dem Eichhörnchen genügend Energie.

Wohlfühlgarten für Eichhörnchen

Mit …

- Bäumen und Sträuchern, die im Sommer und Winter verschiedene Mahlzeiten anbieten: Walnuss, Haselnuss, Ahorn, früchtetragende Pflanzen wie Eberesche und Obstgehölze, heimische Nadelbäume wie Fichte und Kiefer,
- hohen Bäumen zum Klettern, zum Nestbau und zur schnellen Flucht,
- alten (Obst-)Bäumen mit Höhlen zum Verstecken von Vorräten und als Unterschlupf,
- verwinkelten, wilden Ecken, in denen Verstecke angelegt werden können,
- Klettermöglichkeit, um aus der Regentonne zu kommen (Ast, angerautes Brett oder Abdeckung).

Ohne …

- den Einsatz von chemischen Pflanzenschutzmitteln,
- Schutznetze um Obstgehölze und -sträucher, in denen sich die flinken Tiere verheddern können.

Nager-Nussbuffet

Neben Pflanzen, die Eichhörnchen Futter liefern, können Sie auch verschiedene Nüsse an einer Futterstelle anbieten. Besonders in harten Wintern freuen sich die Tiere über ein zusätzliches Angebot. Nicht selten besuchen Eichhörnchen Futterstellen, die eigentlich für Vögel gedacht sind, doch ein spezielles Nager-Nussbuffet oder ein Futterautomat nur für Eichhörnchen zieht sie noch mehr an. Da Eichhörnchen im Vergleich zu anderen Nagern tagaktiv sind, können Sie sie auch tagsüber dort gut beobachten.

Für das Nager-Nussbuffet legen Sie ein Tablett ausreichender Größe auf den Boden oder bringen es für Sie und die Tiere gut erreichbar auf einem Ast am Baum oder auf einem Pfahl an. Wenn Sie mehr handwerkeln wollen, können Sie bei dieser Variante noch ein Loch in das Tablett sägen, in das genau eine Plastikschüssel als Futterbehälter passt. Wenn es schnell gehen soll, können Sie die Leckerbissen aber auch einfach auf den Boden legen.

Die geschickten Eichhörnchen, aber auch Mäuse, werden sich gern über die dort angebotenen Haselnüsse, Walnüsse, Bucheckern, Eicheln, Erdnüsse, Getreidekörner, Sonnenblumen- und Kürbiskerne oder auch mal Möhren und Äpfel hermachen.

Schälen nicht nötig

Alle Nüsse können Sie auch mit Schale anbieten – nicht umsonst haben Nager so ein kräftiges Gebiss.

Bieten Sie nicht zu viel Futter auf einmal an, sondern legen Sie besser regelmäßig nach. Reinigen sie den Futterplatz regelmäßig.

Freie Auswahl am Buffet: Ein Eichhörnchen bedient sich am Futtertablett.

So sieht der Futterautomat für pfiffige Eichhörnchen aus.

Futterautomat zur Selbstbedienung

Im Handel sind spezielle Futterhäuschen für die geschickten Eichhörnchen erhältlich. Das Prinzip ist einfach: Ein Holzkasten wird auf einer Seite mit einer durchsichtigen Plexiglasscheibe versehen, damit die Tiere den Inhalt sehen können. Die intelligenten Nager lernen sehr schnell, wie sie den Klappdeckel bedienen müssen, um an das innenliegende Futter zu gelangen.

Statt einen solchen Selbstbedienungsautomaten zu kaufen, können Sie recht einfach auch einen selbst bauen. Die Maße sind variabel, doch achten Sie bitte auf einen Spalt zwischen der Scheibe und dem Deckel. Dieser sollte mindestens 3,5 Zentimeter betragen, damit sich die Tiere nicht einklemmen können, wenn ein Artgenosse temperamentvoll auf dem Dach landet. Bringen Sie die Futterbox am besten oben an einem Baum an. Um den Baum nicht zu verletzen, befestigen Sie die Box mit stabiler Schnur, wie zum Beispiel Hanfseil. Wetterbeständig behandeln können Sie die Futterbox mit umweltfreundlichem Bienenwachs. Das schadet dem Eichhörnchen auch nicht, wenn es statt der Nüsse doch einmal das Holz anknabbert.

Ratlose Eichhörnchen?

Falls die Eichhörnchen nicht gleich wissen, wie sie an die verlockenden Nüsse in der Futterbox kommen, legen Sie einfach eine große Nuss zwischen Deckel und Scheibe. Mit diesem Aha-Effekt werden sie schnell die Funktion verstehen. Ist es nicht eine große Freude zuzuschauen, mit welcher Geschicklichkeit die lustigen Gesellen Nüsse knacken?

Was Fraßspuren verraten

Gehen Sie wie ein Detektiv auf Spurensuche! Die Nagespuren an den übrig gebliebenen Nussschalen verraten, wer sich an den angebotenen Nüssen gütlich getan hat. Um an den schmackhaften Kern der Haselnuss zu kommen, haben Eichhörnchen einen interessanten Trick, um schnell die harte Schale zu knacken: Sie halten die Nuss mit den Vorderpfoten fest und nagen ein kleines Loch in die Schale hinein. Dort stecken sie die unteren Vorderzähne hinein und sprengen dann die Nussschale auf, die meist in zwei gleiche Hälften zerbricht.

Die Schalen, die von kleinen Mäuschen angeknabbert wurden, sind bis auf ein Loch noch ganz. Hier werden mitunter nur kleinere Schalensplitter herausgebrochen. Genauer hinschauen lohnt sich: Häufig sind noch Spuren der winzigen Zähnchen zu erkennen.

Wer hat hier genagt?

- Eichhörnchen sprengen die Nussschale in zwei Hälften.
- Mäuse nagen nur ein Loch in die Nuss.
- Spechte zertrümmern oft die ganze Nuss.

Wer hat diese Haselnuss verputzt? Links Buntspecht, Mitte Maus, rechts Eichhörnchen.

An der Lage des Loches und der Größe der Zahnspuren kann der Experte sogar die hungrige Maus genauer bestimmen, die hier genascht hat. Oder war vielleicht doch ein Specht am Werk, der mit seinem harten Schnabel die Schale einfach zertrümmert hat?

Auch an angefressenen Fichtenzapfen ist die Anwesenheit eines Eichhörnchens eindeutig zu erkennen: Um an die nahrhaften Samen zu kommen, werden die Schuppen am Zapfen abgenagt. Eichhörnchen gehen dabei nicht ganz so gründlich vor und es bleiben längliche Fasern an der Zapfenspindel übrig. Mäuse nagen die Schuppen fein säuberlich ab. Spechte nutzen ihre raffinierte „Spechtschmiede“: Sie klemmen die Zapfen in eine Baumritze und hacken die Samen heraus.

Vielseitige Fichtenzapfen

Sammeln Sie doch auf Ihrem nächsten Waldspaziergang ein paar Fichtenzapfen! Die unter den Schuppen gut versteckten Samen werden von Eichhörnchen, Mäusen oder Buntspechten gern gefressen. Hinterher können Sie dann Fraßspurenraten spielen: Wer hat da wohl geknabbert?

Spuren an Fichtenzapfen: Links Eichhörnchen, Mitte Maus, rechts Buntspecht.

Wenn Sie einen Fichtenzapfen im Zimmer trocknen lassen, öffnen sich die Schuppen und die geflügelten Samen kommen ans Tageslicht. Werfen Sie einige aus dem Fenster und staunen Sie über die kleinen „Hubschrauber", die durch die Luft fliegen. Mit Hilfe des Windes können sie dank ihres kleinen Flügels sehr weit ausgebreitet werden.

Nest in luftigen Höhen

Eichhörnchen leben in einem Kobel – ein kugelrundes, mit Moos und Gras ausgepolstertes Reisignest, in das sie durch einen verschließbaren Haupteingang hineinschlüpfen können. Auch an einen Notausgang ist gedacht, für den Fall, dass ein geschickter Jäger wie der Baummarder vor der Tür steht.

Die einzelgängerischen Eichhörnchen haben meist mehrere Kobel in Gebrauch. Ist der Hauptwohnsitz von Parasiten befallen oder aus anderen Gründen unbewohnbar, ziehen sie schnell in einen Nebenkobel um.

Im Winter ist der Kobel ein gemütlicher Zufluchtsort für die Winterruhe. Eingewickelt und gewärmt von dem dicken, buschigen Schwanz döst das sonst so lebhafte Tier manchmal tagelang vor sich hin, bis es für kurze Zeit die Nestwärme verlässt, um schnell ein Nussversteck zu plündern. Fleißig bauen sich die Tiere ihre Behausungen selbst, doch manchmal wird auch einfach eine verlassene Spechthöhle bezogen.

Wenn die Bäume im Winter kahl sind, kann man den Eichhörnchenkobel gut sehen.

Ein Kobelkasten für Eichhörnchen ist einfach zu bauen.

Der selbst gebaute Kobelkasten

Auch künstliche Kobelkästen werden gerne angenommen. Für alle Lebenslagen bietet er eine geschützte Unterkunft: als Ruhe- und Schlafplatz, Quartier für die Winterruhe und als Kinderstube zur Jungenaufzucht.

Ein Kobelkasten ist im Grunde eine einfache Holzkiste, die Sie quer am Baum ab vier Metern Höhe befestigen. Ideale Maße hat der Kasten, wenn er 30 Zentimeter breit und jeweils 25 Zentimeter hoch und tief ist. Drei Löcher als Ein- und Ausgang sollten vorhanden sein, wobei das eine nach unten nahe zum Baumstamm liegt und die anderen zur Seite zeigen sollten. Bei einem Durchmesser von acht Zentimetern könnte auch ein etwas pummeliges Hörnchen oder ein Weibchen mit Jungen im Maul noch bequem hineinschlüpfen.

Ein aufklappbarer Deckel erleichtert die Reinigung, die Sie am besten dann vornehmen, wenn über längere Zeit kein Eichhörnchen gesichtet wurde. Polstern Sie den Kobelkasten mit Holzwolle oder trockenem Moos, Heu oder Stroh weich aus. Dann findet die gemütliche Höhle schnell einen Bewohner. Wenn Sie in der Nähe noch einige Nüsse auslegen, kommt sicher bald das erste neugierige Eichhörnchen zur Wohnungsbesichtigung.

Bezugsadressen für Eichhörnchenkobelkästen finden Sie im Anhang.

Siebenschläfer – naschhafte Schlafmäuse

Siebenschläfer sind wohl die bekanntesten Winterschläfer in unserer Nachbarschaft. Oft sogar mehr als sieben Monate schlummert das kleine Nagetier in seinem gemütlichen Nest, das weich mit Moos, Gras und Federn ausgepolstert ist. Geeignet für das Nest sind Nischen unter Baumwurzeln, Baumhöhlen, Spalten in Felsen und Mauern oder ein selbst gegrabenes Loch im Erdreich. Hier schlafen die Tiere allein oder gesellig in lockeren Familiengruppen bis zum Frühling.

Siebenschläfer gehören zur Familie der Schlafmäuse (Bilche), deren Name nicht von ungefähr kommt. Ob Gartenschläfer, Baumschläfer oder die putzige Haselmaus: Alle Verwandten halten mehr oder weniger ausgedehnten Winterschlaf.

Auch außerhalb der Winterschlafsaison bekommt man einen Siebenschläfer selten zu Gesicht. Die kleinen Nagetiere leben sehr heimlich und werden meist erst in der Dämmerung und in der Nacht aktiv. Dann huschen die flinken Kletterer zwischen Baum und Busch umher und suchen sich Nüsse, Früchte, Knospen, Insekten oder auch einmal ein Vogelei als Nahrung. Besonders im Herbst ist das drollige Tier ein Nimmersatt. Fast unersättlich wird an Früchten und fettreichen Nüssen genascht, denn der Winterspeck ist wichtig fürs Überleben im langen Winterschlaf.

Hat eine Vorliebe für süße Früchte: Ein Siebenschläfer nascht Brombeeren.

Kulturfolger

Ursprünglich ist das lebhafte Tier mit den schwarzen Knopfaugen in naturnahen Laub- und Mischwäldern zu Hause, wo es Baum- und Felshöhlen oder auch unbewohnte Eichhörnchenkobel bezieht. Aber auch in der Nähe menschlicher Siedlungen findet der Siebenschläfer ideale Lebensbedingungen. Besonders profitiert er in Gärten vom leckeren Obstangebot und sucht sich Nischen in Mauern und Gebäuden für den Nestbau. Auch Nistkästen, Gartenhäuschen oder Scheunen in Waldnähe sind sehr beliebte Quartiere.

Ein Siebenschläfer im Herbst auf Nahrungssuche.

Die geschickten Kletterer kommen dabei auch an glatten Hauswänden problemlos hoch und nicht selten finden sie ein Loch zum Dachboden. Die stimmfreudigen Nachtschwärmer können dort manchmal für unruhige Nächte sorgen. Allerdings ist dieses Spektakel nur von kurzer Dauer, denn es ist ja bald wieder Winterschlafzeit. Freuen Sie sich über diesen Untermieter – nicht jeder hat solch ein seltenes, geschütztes Tier als Nachbarn.

Hilfe für die Langschläfer

So können Sie Siebenschläfern helfen, damit diese genügend Futter für den Winterspeck und geeignete Quartiere für den langen Winterschlaf finden:

- Gestalten Sie Ihren Garten naturnah mit heimischen Pflanzen, die im Spätsommer und Herbst Nüsse und Beeren liefern. Ideal sind Haselstrauch, Buche, Eiche, Kastanie, Pflaume, Apfel, Kirsche, Weißdorn und Vogelbeere.
- Lassen Sie eine kleine Öffnung im Gartenhäuschen und in der Scheune.
- Hängen Sie Vogelnistkästen auf und reinigen Sie diese nach der Vogelbrutsaison im September. Im Winter und Frühjahr bitte in Ruhe lassen. Es gibt auch spezielle Siebenschläferkästen im Handel.
- Erhalten Sie alte Streuobstwiesen und hochstämmige Obstbäume. Auch wenn der Obstertrag alter Bäume geringer ist, bieten sie doch Astlöcher und Spechthöhlen als Unterschlupf für viele Tiere. Auch die großen Baumwurzeln sind beliebte Quartiere.
- Schaffen Sie Löcher und Spalten in Mauern und Gebäuden oder errichten Sie eine Natursteinmauer.

Fledermäuse – faszinierende Nachtjäger

Wenn es dämmert, beginnt die Stunde der Fledermäuse. Noch im Spätherbst kann man in der Abenddämmerung beobachten, wie sie um die Laternen flattern. Mit Vögeln verwechseln kann man sie dabei kaum, denn zu charakteristisch ist das gaukelnde, flatterhafte Flugbild. Im hellen Umfeld der Straßenlaternen finden sie reiche Beute: Die vom Licht angelockten Nachtfalter sind gerade recht für ein nahrhaftes Mahl, um den überlebenswichtigen Winterspeck anzufressen.

Doch auch in Alleen, in alten Baumbeständen und über Wasserflächen machen Fledermäuse Jagd auf Insekten und Spinnen. Als fleißige Insektenvertilger erweisen sie uns damit einen großen Dienst.

Kleines Fledermaus-Einmaleins

Die kleinen, faszinierenden Jäger sind schnelle und geschickte Flieger. Dazu dient ihnen die Flughaut, die zwischen den verlängerten Handknochen sowie Ober- und Unterarm aufgespannt ist. Die dünne, elastische Haut

Eine Kolonie großer Mausohren hält Winterschlaf in einer frostsicheren Höhle.

ermöglicht einen nahezu geräuschlosen Flug. Es gibt verschiedene Flügelformen: schmale, lange Flügel für den schnellen Jagdflug im freien Luftraum oder breite, kurze Flügel für wendige Flugmanöver im Gewirr von Zweigen.

Zur Orientierung in der nächtlichen Dunkelheit haben sie ein zuverlässiges Echo-Ortungssystem entwickelt und können ihre Beute zielsicher fangen. Die Tiere stoßen – für das menschliche Ohr meist unhörbare – Ultraschalllaute aus, die von Hindernissen in der Umgebung reflektiert werden. Die empfindlichen Ohren fangen das Echo auf und das Gehirn wertet die Informationen sehr genau aus.

Damit kann sich eine Fledermaus eine exakte Landkarte von der Umgebung machen – sie sieht also mit den Ohren. Das Ortungssystem ist so empfindlich, das selbst haarfeine Fäden, Entfernung, Größe und Bewegungsrichtung eines Beutetieres genau wahrgenommen werden. So können Fledermäuse ihre Beute zielsicher fangen ... wenn da nicht immer wieder einige pfiffige Nachtfalter wären: Einige von ihnen haben ein Frühwarnsystem für Ultraschalllaute und lassen sich bei Gefahr schnell zu Boden trudeln oder fliegen Loopings, um die Fledermäuse zu verwirren.

Anspruchsvolle Winterschläfer

Im Herbst werden die Tage und Nächte immer kälter und es wird allerhöchste Zeit für die kleinen Säuger, sich ein Winterquartier zu suchen. Zwischen Oktober und November ziehen sich alle heimischen Fledermausarten zum Winterschlaf zurück. Einige Arten legen auf ihrem Weg zum Winterquartier sogar bis zu 1500 Kilometer zurück. Andere bleiben ihrer Heimat sommers wie winters treu. Doch auch sie suchen sich für den Winterschlaf oft ein anderes Quartier als im Sommer.

Je nach Art werden als Winterquartier geschützte Höhlen, Ritzen und Spalten in altem Mauerwerk, kühle Keller, unterirdische Stollen oder auch ausgefaulte Höhlen in alten Bäumen aufgesucht. Wertvoll sind auch Eiskeller und Bunker sowie Dachstühle alter Häuser, Kirchen und Schlösser.

Die Ansprüche an ein gutes Winterquartier sind hoch: Es muss frostfrei und frei von Zugluft sein, eine hohe Luftfeuchte haben und vor allem ruhig sein. Die meisten Fledermäuse verstecken sich in kleinen Ritzen und Spalten, wo sie von Menschen manchmal fast unmöglich gefunden werden können. Andere halten sich mit ihren Krallen an der rauen Oberfläche fest und verbringen den Winterschlaf kopfüber frei hängend. Sie sind dann oft über und über mit Tautropfen bedeckt, denn die bevorzugten Quartiere haben eine sehr hohe Luftfeuchtigkeit.

Zuhause gesucht

Ein ideales Winterquartier für Fledermäuse sollte folgende Eigenschaften haben:

- Freies Zugangsloch
- Hohe Luftfeuchtigkeit
- Frostfrei
- Ruhig
- Keine Zugluft

Winterschlaf mit Pausen

Im Winterschlaf laufen alle Lebensfunktionen der Fledermäuse auf Sparflamme. So schlägt das Herz der Mausohrfledermaus normalerweise zwischen 250 bis 450 Mal pro Minute, bei Erregung sogar bis zu 880 Mal! Im Winterschlaf dagegen schlägt es nur noch 18 Mal pro Minute. Die Atempausen können eine Stunde betragen, sodass die Tiere wie tot anmuten. Doch der Schein trügt: Alle Sinne sind hellwach und jede Veränderung in der Umgebung wird wahrgenommen.

Werden die Tiere beim Winterschlaf gestört, wachen sie langsam auf. Dabei verbrennen sie ihre wertvollen Fettreserven, die zu Anfang des Winterschlafs bis zu 30 Prozent der Körpermasse ausmachen können. Sind diese aufgebraucht, können die Tiere nicht bis zum nächsten Frühjahr überleben oder haben dann nicht genug Energie zum Hochfahren des Stoffwechsels oder die erste kräftezehrende Nahrungsbeschaffung. Daher ist es enorm wichtig, Fledermäuse im Winterquartier nicht zu stören, um unnötigen Energieverlust zu vermeiden.

Aber die Tiere wachen in ihrem Winterschlaf von selbst immer wieder für kurze Zeit auf. Dann setzen sie Kot und Urin ab und „kontrollieren“, ob die Bedingungen im Quartier noch optimal sind. Wenn nicht, wird mitunter die Unterkunft gewechselt und ein neues Quartier gesucht. Wasserfledermäuse nutzen die Winterschlafpausen sogar für

Große Hufeisennasen in ihrem Winterquartier, eingehüllt in einen Mantel aus der eigenen Flughaut.

Paarungen. Im Frühjahr im März und April wird je nach Außentemperatur und der „inneren Uhr“ der Tiere der Winterschlaf beendet.

Hilfe für Fledermäuse

Fledermäuse haben immer größere Schwierigkeiten, geeignete Sommer- und Winterquartiere zu finden. Alte Ruinen werden abgerissen oder renoviert und der Klimaschutz stellt neue Anforderungen an Gebäude. Werden Häuser gegen Wärmeverlust isoliert, gehen dabei oftmals Zugangslöcher für die Tiere verloren. Auch besonders geeignete kühlfeuchte Keller werden immer häufiger trockengelegt und so für Fledermäuse unbrauchbar.

Und auch die Nahrung für die geheimnisvollen Jäger der Nacht ist knapp: Fledermäuse finden immer weniger Insektennahrung und können so nicht genug Reserven für Jungenaufzucht und Winterschlaf sammeln. Mittlerweile sind alle der über zwanzig Fledermausarten in Deutschland selten und bedroht. Fledermäuse sind also auf unsere Hilfe angewiesen.

Wasserfledermäuse verstecken sich für den Winterschlaf gern in Spalten.

Fledermaus im Haus?

Oft bleiben gebäudebewohnende Fledermäuse unentdeckt, leben sie doch häufig so gut versteckt in Ritzen, dass man sie schwer zu Gesicht bekommt. Munter werden die meisten erst, wenn wir schlafen gehen. Aber haben Sie vielleicht schon im Keller, an der Hauswand oder auf dem Dachboden Kot gefunden und diesen einfach als „Mäuseköttel" abgetan? Schauen Sie doch mit der Lupe noch einmal genauer hin: Fledermauskot glänzt und glitzert wegen der Reste der Insektenpanzer. Außerdem lässt er sich sehr leicht zwischen den Fingern zerbröseln. Sogar im Winter ist der Kot zu finden, denn auch während des Winterschlafs setzen Fledermäuse Kot ab. Jetzt wissen Sie, dass Sie eine Fledermaus und damit einen wahren Schatz unter Ihrem Dach haben! Aber Achtung: Händewaschen nicht vergessen!

So können Sie Fledermäusen helfen

- Erhalten Sie die Winter- und Sommerquartiere. Denken Sie bei Renovierungsarbeiten daran, Zugänge zu Kellern und Dachböden offen zu halten. Örtliche Fledermauskundler stehen Ihnen dabei mit Rat und Tat zur Seite.
- Schaffen Sie neue Quartiere. Hier gibt es zahlreiche Möglichkeiten: vom Fledermausziegel unterm Dach bis zum doppelwandigen, gegen Frost isolierten Winterquar-

tier, das Sie hinter einem Zugangsloch im feucht-kalten Keller anbringen können. Bezugsadressen finden Sie im Serviceteil.
- Vermeiden Sie Störungen – vor allem im Winterschlaf. Finden Sie eine Fledermauskolonie im Winterschlaf, melden Sie diese bitte einem Experten. Für Fledermausschutz und -forschung sind möglichst genaue Informationen über Bestandsgrößen und Lage der Quartiere von großer Bedeutung. Vielleicht findet der Spezialist unter Ihrem Dach ja eine besonders seltene Fledermausart!
- Legen Sie einen Garten für Fledermäuse an. Geeignet sind besonders Pflanzen, von denen die Raupen der Nachtfalter leben, wie Salweide, Schlehe und Brennnessel. Mit diesen fledermausfreundlichen Pflanzen schaffen Sie sehr gute Voraussetzungen für die heimischen Insekten in Ihrem Garten. So finden die Fledermäuse immer genug Nahrung für den Winterspeck.
- Verzichten Sie den Insekten und Fledermäusen zuliebe auf den Einsatz von chemischen Pflanzenschutzmitteln.

Wenn Sie Fledermäusen helfen wollen, ist es nicht immer ganz einfach, das Richtige zu tun. Eine effektive Hilfe hängt davon ab, ob und welche Fledermäuse überhaupt in Ihrer Nachbarschaft leben und wo es Probleme gibt. Hier lohnt sich die Kontaktaufnahme zu einem Fachmann, der ihnen genauer Auskunft über die Situation in Ihrer Region geben kann. Adressen finden Sie im Serviceteil.

Bester Dünger

Fledermauskot ist übrigens sehr nützlich: Mit diesem hochwirksamen Biodünger können Sie Ihre Komposterde aufwerten, indem Sie regelmäßig Kot darauf verteilen. Oder Sie lösen zwei bis drei Esslöffel Kot in einem Liter Gießwasser auf, dies liefert Ihren Garten- oder Balkonpflanzen wertvolle Mineralien und Stickstoff.

Tiere im Winterwald

Wenn Sie mit offenen Augen durch den Wald gehen, gibt es viele Rätsel zu lösen und Überraschungen zu entdecken. Im Schnee macht die Spuren- und Fährtensuche am meisten Spaß, denn dann sind die Abdrücke besonders gut zu erkennen. Spuren erzählen uns zu jeder Jahreszeit faszinierende Geschichten aus dem Leben der Wildtiere – wir müssen nur unser Auge üben und genau hinschauen.

Spuren und Fährten im Schnee

In der Nacht ist frischer Schnee gefallen und bei strahlendem Winterwetter sieht alles wunderschön aus. Da gibt es kein langes Zögern: Ab nach draußen! Warm anziehen, die Thermoskanne mit heißem Tee füllen und nicht vergessen, das Fährtenbüchlein in die Tasche zu stecken. Unternehmen Sie einen Ausflug in den Wald und „sammeln" Sie so viele verschiedene Hinweise wie möglich – wenn Sie wollen, halten Sie alles mit einer Kamera fest.

Rehe lassen sich nur selten blicken.

Es ist zwar kaum ein Tier zu sehen, doch die Spuren und Fährten verraten, wer trotz der Kälte alles unterwegs ist: Hier haben vor nicht allzu langer Zeit Rehe unseren Weg gekreuzt und dort hat eine Wildschweinrotte das Laub unter dem Schnee auf der Suche nach Fressbarem durchwühlt. Unverkennbar sind auch die Pfotenabdrücke des Fuchses, die wie auf einer Perlenschnur aufgereiht eine geradlinige Spur ergeben.

Auf Winnetous Spuren

Geübte Fährten- und Spurenleser können noch viel mehr erkennen: Ob ein Tier langsam dahingezogen ist oder auf schneller Flucht war, wo das Reh eine Ruhepause eingelegt hat oder ob der Habicht Beute gemacht hat.

Doch bevor Sie sich auf den Weg in den Wald machen: Auch ein Blick vor die eigene Haustür bringt überraschende Neuigkeiten über das Leben in unserer Nachbarschaft: Nun endlich wissen Sie, wer heimlich in der Nacht die Meisenknödel angefressen hat. Die frische Fährte hat den Täter überführt: Es war ein Reh! Hätten Sie gedacht, dass so viele Tiere auf nächtlichem Besuch in Ihrer Nähe waren?

Wer war im Garten unterwegs?

Wenn Sie nach frisch gefallenem Schnee einmal genauer hinschauen, werden Sie mit reichlich Spuren von unterschiedlichen Tieren belohnt. Als erstes erkennen Sie vielleicht die Spuren von Nachbars Stubentiger, der auf nächtlicher Wanderschaft seine Pfotenabdrücke hinterlassen hat.

Aber auch viele Wildtiere tummeln sich in unserer Nähe im Garten, ohne dass wir es immer bemerken. Besonders in der Nähe von menschlichen Siedlungen häufig zu finden sind beispielsweise frische Marderspuren am Morgen. Die Spur sieht durch die mardereigene Fortbewegungsart – eine Mischung aus Springen und Laufen – besonders typisch aus. Bei dem charakteristischen „Mardersprung“ werden die Hinterpfoten in das Trittsiegel der Vorderpfoten gesetzt.

Aha!

Trittsiegel ist das Wort der Naturkundler für einen tierischen Fußabdruck.

Links: Fuchsspur

Rechts: Eine Rehfährte im Schnee.

Verfolgen Sie doch einmal eine Tierspur. So können Sie sehen, welche Ecken beispielweise beim Marder auf seinem nächtlichen Erkundungsgang durch sein Revier besonderes Interesse geweckt haben. War es vielleicht der unordentliche Holzstapel, das alte Paar Stiefel vor der Haustür oder der Eingang zum Gartenschuppen?

Und was ist das für eine schnurgerade Spur klitzekleiner Pünktchen dort? Da ist eine Maus schnell in die rettende Mauernische geflitzt. Vielleicht musste sie in der Nacht vor einer hungrigen Eule fliehen? Besonders gut zu erkennen ist die Schleifspur des kleinen Schwanzes. Die Mäusewege werden übrigens wie Straßen immer wieder benutzt. Liegt der Schnee über längere Zeit, entstehen ausgetretene „Mäuseautobahnen“ und Tunnel unter der Schneedecke.

Auch das Eichhörnchen ist vielleicht auf Besuch im Garten gewesen, um ein Futterversteck zu plündern. Die großen Hinterpfoten drücken sich beim Hüpfen auf dem Boden vor den kleinen Vorderpfoten in den Schnee. Manchmal hört die Spur plötzlich vor einem Baum auf. Dort ist das Eichhörnchen einfach auf den Baum gehopst und spurlos verschwunden.

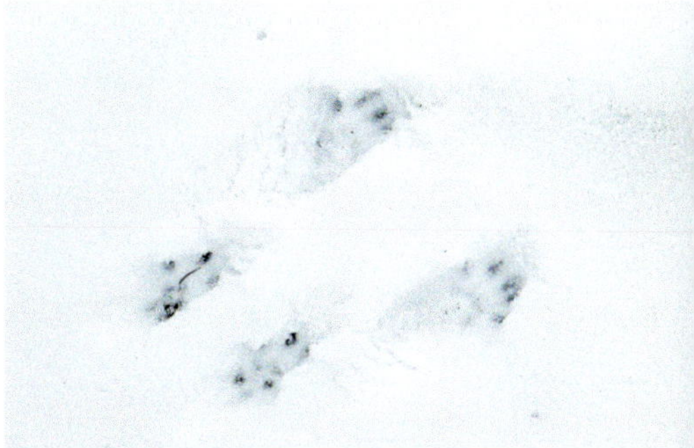

Links: Die typische Marderspur im Schnee.

Oben: Bei der Spur des Eichhörnchens erkennt man deutlich die größeren Hinterfüße, die vor den kleineren Vorderfüßen aufgesetzt werden.

Und auch die gefiederten Gäste sind nicht zu vergessen. Auch ihre Füße hinterlassen typische Abdrücke beim Hüpfen oder Schreiten auf dem Boden. Und manchmal drücken sich auch die Flügelfedern ab, wenn sie den Schnee beim Abflug berühren.

Also Augen auf beim Spurenlesen im Garten: Es lohnt sich!

Überlebenskünstlern auf der Spur

Die Tiere im Wald, die im Winter noch aktiv sind und nicht schlummern, sind bestens angepasst an das Überleben in der entbehrungsreichen Zeit. Dickes Fell und Speckschicht halten warm und etwas Nahrung findet sich für sie fast immer, sodass es zum Überleben reicht.

Wildschweine sind wenig wählerisch und finden beim Wühlen immer einen Leckerbissen. Auch Dachse gehen ab und zu auf Nahrungssuche, wenn sie sich nicht gerade zur Winterruhe in ihren gemütlichen Bau zurückgezogen haben. Rehe und Rothirsche sind im Winter wahre Energiesparer: Sie sind viel weniger aktiv, bewegen sich nur so viel wie unbedingt nötig und der Stoffwechsel wird stark verringert. Das spart sehr viel Kraft und so können sie einige Zeit mit wenig oder sogar zeitweise ohne Nahrung auskommen. Die beste Hilfe für all diese Tiere ist es, wenn sie von uns nicht gestört werden.

Ein Waldspaziergang ist besonders im Winter ein schönes Erlebnis. Wenn Sie einige Tipps beherzigen, helfen Sie mit Ihrer Rücksichtnahme den Wildtieren:

– Nehmen Sie ein Fährtenbüchlein mit und erfreuen Sie sich an den interessanten Spuren am Wegesrand. Verfolgen Sie die Tiere aber bitte nicht. Die Tiere sind dann zur Flucht gezwungen, was sie besonders viel wertvolle Energie kostet. Besser, Sie gehen den Wildtieren aus dem Weg und halten Abstand.
– Wenn Sie Ihren Hund mitnehmen, führen Sie ihn bitte an der Leine. So kann der Vierbeiner nicht ungewollt ausbüxen und die Wildtiere aufschrecken.
– Bleiben Sie am besten auf den Wegen. Die Tiere haben sich daran gewöhnt, dass sich hier Menschen aufhalten und halten von sich aus sicheren Abstand.
– Eine Unterhaltung in normaler Lautstärke ist gut, so merken die Tiere frühzeitig, dass Menschen unterwegs sind. Lärm dagegen verschreckt die Tiere. Und leises Anpirschen führt dazu, dass Wildtiere erst spät auf uns aufmerksam werden. Der Schreck für die Tiere ist groß und die schnelle Flucht verbraucht sehr viel Energie.
– Bei lang anhaltenden tiefen Frosttemperaturen und dichter, verharschter Schneedecke ist der Energieverbrauch der Tiere extrem hoch. Jetzt bedeutet jeder Stress für sie eine verringerte Überlebenschance. Wenn Ihr Liebling-wald ein eher einsamer Wald ist, dann es gut, wenn Sie diesem jetzt fern bleiben – die Wildtiere, die Menschen wenig gewohnt sind, sollten dort nicht aufgeschreckt werden. Auch andere Ausflugsziele in der Natur sind jetzt lohnenswert. Besuchen Sie stattdessen beispielsweise ein Gewässer und beobachten Sie die zahlreichen Wintergäste unter den Wasservögeln mit dem Fernglas.
– Sind Sie mit Kindern unterwegs, entdecken Sie zusammen mit allen Sinnen die Natur: Was verraten die Spuren? Wie unterschiedlich fühlen sich die Baumrinden an? Gibt es Nester und Kobel in den kahlen Baumwipfeln oder andere Bauten der Tiere zu entdecken?

- Denken Sie sich lustige Spiele aus: Machen Sie selbst Spuren im Schnee und lassen die anderen raten, wie Sie sich fortbewegt haben. Vielleicht hüpfend, rückwärts laufend oder auf einem Bein? Oder wärmen Sie sich auf bei einem leisen Versteckspiel. Kann der hungrige Fuchs alle im Unterholz versteckten Mäuschen finden und sich unbemerkt anschleichen? Vergessen Sie bei allen Aktivitäten aber nicht die Wildtiere, die sich in Ihrer Nähe oft unbemerkt verbergen. Bleiben Sie auf den Wegen und am Wegesrand und laufen Sie nicht querwaldein. Laute Spiele verlegen Sie am besten an den Waldrand oder auf Wiesen und Felder.

Kastanien für die Rehe?

Wer hat nicht als Kind Kastanien und Eicheln im Stadtpark gesammelt und sie dann für die Tiere im Wald zum Förster gebracht? Nicht überall ist es allerdings sinnvoll, Tiere durch zusätzliche Fütterung zu unterstützen. In einem reich strukturierten Lebensraum können sich Reh, Hirsch und Co. in der Herbstzeit genug Fettreserven anlegen. Eicheln, Kastanien, Bucheckern und ähnliche Baumfrüchte sind dann in großen Mengen vorhanden. So gehen sie gut vorbereitet in den Winter.

Vielerorts bietet unsere Landschaft allerdings nicht mehr das ganze Jahr über genug Nahrung und Deckung. Viel notwendiger als eine zeitweilige Zufütterung ist jedoch eine langfristige wildtiergerechte Lebensraumgestaltung.

Hilfe erwünscht?

Wollen Sie gern etwas beitragen, setzen Sie sich mit Ihrem Förster, dem Revierjäger oder der örtlichen Naturschutzorganisation in Verbindung. Dort erfahren Sie, wie Sie helfen können und ob den Tieren Unterstützung in Form von selbst gesammelten Baumfrüchten zugute kommt.

Amphibien und Reptilien im Winter

Eidechsen oder Frösche im eigenen Garten? Gestalten Sie doch einen naturnahen Garten, in dem sich Eidechsen und Co. wohlfühlen – dort kommen die Tiere auch gut über den Winter.

Frosch, Eidechse und Co.

Die Seen und Weiher sind zugefroren und mit einer dicken Eisschicht bedeckt. Der Frost hat die Natur schon einige Zeit fest im Griff. Wer käme schon auf die Idee, dass es unter der Eisdecke jetzt noch Leben gibt? Sämtliche Bewegung scheint erstarrt zu sein. Doch der Schein trügt: Unter der Eisschicht warten Frösche und Molche darauf, dass der Frühling kommt.

Unter dem Eis ist's warm

Wenn die Temperaturen sinken, heißt es auch für Amphibien und Reptilien, sich auf die Suche nach einem geeigneten Winterquartier zu machen. Ähnlich wie die Insekten sind auch Frösche, Kröten und Eidechsen in ihrer Aktivität von der Umgebungstemperatur abhängig. Mit sinkender Außentemperatur verringert sich auch ihre Körpertemperatur, sie werden immer träger und fallen letztlich in einen Starrezustand.

Die Winterstarre bedeutet allerdings nicht, dass die Tiere nicht mehr wahrnehmen, was um sie herum geschieht. Alle Sinne sind hellwach und nehmen die äußeren Reize wahr. Die Reaktion ist allerdings stark verlangsamt oder unmöglich. Mittlerweile weiß man sogar, dass sich die Frösche, die sich im Winter unter der Eisdecke im See aufhalten, bewegen und auf Partnersuche gehen.

Vier Grad warm

Vorteil für Frösche und andere im Wasser überwinternde Tiere wie Fische und Wasserinsekten ist die „anomale" Eigenschaft des Wassers: Eis hat eine geringere Dichte als Wasser und schwimmt deshalb oben auf. Seine größte Dichte hat Wasser bei vier Grad. Wird es kälter als vier Grad, wird die Dichte wieder geringer und das leichtere Eis steigt nach oben. So herrschen unter der dicken Eisdecke im Wasser immer „mollige" vier Grad.

Das Durchfrieren der Gewässer stellt für die Wassertiere allerdings eine lebensbedrohliche Gefahr dar, denn für die meisten von ihnen ist ein Aufenthalt unter dem Gefrier-

punkt tödlich. Nur der Grasfrosch kann tatsächlich das Einfrieren im Eis für wenige Tage überleben. Natürlichen Frostschutzmitteln im Blut sei Dank!

Im Wasser ist es manchmal wärmer als an der Luft.

Hilfe für im Wasser überwinternde Amphibien

- Legen Sie einen Froschteich mit mindestens einem Meter Tiefe an, am besten ohne Fische. Die stellen zwar keine Gefahr für die ausgewachsenen Frösche dar, fressen aber wertvollen Laich und Larven.
- Lassen Sie den Gartenteich im Winter an einer Stelle nicht zufrieren und sorgen Sie damit für die lebenswichtige Sauerstoffzufuhr. Eine Pumpe oder ein schwimmender Eisfreihalter genügen häufig schon. Auch Schilf im Uferbereich ist sehr wertvoll und erfüllt einen ähnlichen Zweck. Die Pflanzen sorgen durch ihre luftgefüllten Stängel für den notwendigen Gasaustausch.
- Schlagen Sie auf zugefrorenen natürlichen Gewässern keine Löcher ins Eis. Vermeiden Sie bitte Erschütterungen, denn das könnte die Tiere beunruhigen und wertvolle Reserven aufbrauchen.

Begehrte Schlupfwinkel

Die meisten Amphibien verbringen die winterliche Kältestarre an Land. Dafür suchen sie sich frostfreie Verstecke im weichen Boden, die bestenfalls noch unter einer dicken Laubschicht liegen. Gern nutzen sie auch bereits vorhandene Höhlen wie Mäuselöcher, Maulwurfsgänge oder Wurzelhöhlen.

Auch die seltenen Molche, Unken und Salamander sind auf solche Schlupfwinkel unter Holz, Steinen und in Bodenlöchern angewiesen. Bei ihnen allen beliebt sind auch Laub- und Reisighaufen im Garten oder der Kompost. Kröten vergraben sich hier besonders gern für ihre Winterstarre und nach dem „Auftauen" im Frühjahr finden sie dort gleich fette Schnecken als Leckerbissen.

Gut versteckt

Amphibien und Reptilien lieben Verstecke unter Holz, Steinen, Laub- und Reisighaufen. Legen Sie doch solche Ecken in Ihrem Garten an und helfen Sie den Tieren damit, gut durch den Winter zu kommen.

Heimische Reptilien sind für den Winter an ähnlichen Schlupflöchern interessiert. Neben Verstecken in Holzstapeln, unter Steinen, Laub- und Reisighaufen sind bei Eidechsen und Schlangen von Menschenhand angelegte „Ersatzfelsen" sehr gefragt. Lose zusammengelegte Steinhaufen und Trockenmauern aus Naturstein mit vielen Spalten und Hohlräumen sind besonders bevorzugte Refugien zum Zurückziehen. Wenn sich die Steine an sonnigen Tagen im Frühling aufwärmen, kriechen sie langsam aus ihrem Versteck und aalen sich vor ihrer Behausung.

Auch auf Schlangen üben Kompost- und Misthaufen große Anziehungskraft aus. Im Winter ist es hier mild und geschützt und es gibt hervorragende Hohlräume zum Überwintern. Im Sommer legen Ringelnatterweibchen dort sogar ihre Eier ab, denn die Wärme, die bei den Gärungsprozessen entsteht, sorgt für ideale Bruttemperaturen.

Ein Kompost ist als Winterversteck und Nahrungsquelle für viele Tiere wertvoll.

Hilfe für kleine Hüpfer und Sonnenanbeter

Fast alle in Deutschland heimischen Amphibien und Reptilien sind bedroht. Durch den Verlust ihrer Lebensräume, die Intensivierung der Landwirtschaft, Umweltgifte und die Trockenlegung von Feuchtbiotoben gehen alle Arten in ihren Bestandszahlen zurück. Hohe Verluste bei Fröschen und Kröten entstehen auch durch den Straßenverkehr, wenn während der alljährlichen Wanderungen zu den Laichplätzen zahlreiche Tiere überfahren werden.

Einen kleinen Beitrag können Sie auch in Ihrem Garten leisten, damit Kinder die kleinen grünen oder braunen Hüpfer und anmutig in der Sonne badende Echsen in Zukunft nicht nur aus dem Bilderbuch kennen.

Ein Garten für Frösche, Eidechsen und Co.

So können Sie Fröschen, Kröten, Eidechsen und anderen Amphibien und Reptilien auf ihrer Suche nach einem geeigneten Winterquartier helfen:

- Tragen Sie anfallendes Laub und Schnittgut zu Haufen zusammen. Laub- und Reisighaufen bieten für Lurche und Kriechtiere gleichermaßen geeignete Unterschlüpfe. Auch in einem Komposthaufen finden die Tiere geeignete Quartiere.
- Einen Holzstapel können Sie an einer geschützten Schuppenwand oder am Haus zur längerfristigen Lagerung aufschichten. Ringelnattern und Eidechsen ziehen sich gern in die Hohlräume zurück und kommen an milden Frühlingstagen zum Sonnenbad heraus.
- Verteilen Sie Laub auf die Beete und graben Sie diese erst im Frühjahr um, wenn die Tiere aus ihrer Winterstarre „aufgetaut“ sind. Das organische Material ist darüber hinaus idealer Dünger für den Boden.
- Tragen Sie einen Haufen aus Natursteinen zusammen. Sie sollten die Hohlräume nicht verfugen. Mit der Zeit sammelt sich von selbst organisches Material in den Spalten und in wenigen Jahren siedeln sich auch seltene Pflanzen an. Für Eidechsen, Schlangen und Kröten bleiben genügend Hohlräume. Auch eine Trockenmauer aus lose zusammengefügten Natursteinen ist für ihren Naturgarten optisch und ökologisch eine Bereicherung.
- Lassen Sie ungenutzte Teile im Garten gezielt verwildern. Hier gibt es viele Versteckmöglichkeiten und Nahrung.

Zum Ende des Winters sind Erdkröten dankbar für einen Transport über die Straße.

Ersatzfelsen mit Platz an der Sonne: Trockenmauern sind Winterquartier und Sonnenbank für Eidechsen.

- Verzichten Sie auf chemische Pflanzenschutzmittel im Garten. Den Kröten und Fröschen verätzen diese die äußerst empfindliche Haut, durch die sie atmen. Durch den Einsatz von Pflanzenschutzmitteln wird zudem die Nahrung der Amphibien knapp.
- Für viele Tiere endet die Suche nach einem Winterquartier mit einem Sturz in den Lichtschacht am Haus. Damit die Tiere dort nicht verenden, können Sie ihnen heraushelfen, indem Sie ein breites Brett mit rauer Oberfläche als Ausstieg schräg in den Schacht stellen. Gut geeignet ist auch eine dauerhafte Abdeckung aus engmaschigem Drahtgitter.

Insekten und Spinnen im Winter

Was machen eigentlich Schmetterlinge oder Marienkäfer im Winter? Hier erfahren Sie es und auch, wie Sie ihnen helfen können, die kalte Jahreszeit gut zu überstehen.

Kleine Krabbler

Zugegeben: Häufig haben Insekten und Spinnen auf den ersten Blick ein wenig liebenswertes Äußeres. Vielen Menschen ist das Krabbeln und Summen eher fremd und unangenehm. Doch beschäftigt man sich einmal genauer mit ihrer Lebensweise und taucht tiefer in die Welt des Mikrokosmos ein, kann man sich der Faszination kaum mehr entziehen.

Die Formenvielfalt ist beeindruckend – Insekten stellen mit rund 80 Prozent aller bekannten Arten die größte Gruppe im Tierreich. Ob zu Lande, im Wasser oder in der Luft: In jedem Element und in jeder Region der Erde sind sie zu Hause. Von ihnen hängt das Funktionieren vieler Ökosysteme ab, denn trotz ihrer geringen Größe beeinflussen sie ihre Welt enorm.

Insekten und Spinnen für intakte Natur

Was wäre ein Garten ohne das Summen der Bienen oder ohne im Morgentau glitzernde Spinnennetze? Wie sehr würde uns das gesunde Obst fehlen, wären keine Blütenbestäuber da. Wie trist wäre der Frühling ohne die farbenfrohen Schmetterlinge, die schon zeitig das Ende des Winters

Sehr wichtig für Hummeln sind die Frühblüher als erste Nahrungsquelle im Frühling.

ankündigen? Und womit sollten unsere Vögel ihre Jungen aufziehen und der Frosch seinen Hunger stillen, wenn es keine Insekten und Spinnen gäbe?

Insekten leisten viel für uns. Viele Arten sind auch in unseren Gärten sehr nützlich, indem sie andere Insekten in Schach halten, die in größeren Gruppen an Pflanzen Schaden anrichten könnten.

Auch den Spinnen können wir dankbar sein, dass sie so manche lästige Mücke oder Fliege verspeisen. Ein gesunder Garten, der vielen großen und kleinen Tieren Lebensraum und Nahrung bietet, braucht eine vielfältige Insektenwelt, denn alle Tiere hängen voneinander ab. Das ganze Jahr über sind die kleinen Krabbler auf unser Wohlwollen angewiesen. Auch wenn sie im Winter kaum zu sehen sind, können wir einiges tun, damit es im Frühjahr wieder summt und brummt.

Schlupfwinkel für den Winter

Die Körpertemperatur der Insekten und Spinnen ist immer von der Temperatur der Umgebung abhängig. Je kälter es wird, desto weniger aktiv können die gleichwarmen Tiere sein. Der Winter ist für sie eine Ruhepause, in der sie in einer inaktiven Winterstarre ausharren. Viele Insekten überwintern als Larve oder Ei, aus denen sich erst im Frühjahr ein erwachsenes Insekt entwickelt.

Für die Winterstarre suchen sich die kleinen Krabbler ein geeignetes Quartier. Sinken die Temperaturen unter Null, wird es für sie lebensbedrohlich, denn die Körpersäfte könnten gefrieren. Daher ist ein vor der Witterung geschützter, möglichst frostfreier Ort überlebenswichtig.

Beliebte Schlupfwinkel für Insekten und Spinnen sind hohle Pflanzenstängel. Zum Winteranfang kriechen gleich mehrere Interessenten kopfüber in die offenen Röhren der abgebrochenen Halme von Doldenblütlern, Disteln, Kletten und Brennnesseln. Besonders wohl fühlen sich dort Raupen von Schmetterlingen, kleine Käfer, nützliche Schwebfliegenlarven und Spinnen. Dass dort Räuber und Beute in einem Halm gleichzeitig überwintern ist kein Problem – im Winter herrscht unter ihnen Frieden.

Viele Kleintiere wie Käfer und Schmetterlinge legen im Herbst ihre Eier im lockeren Boden ab. Fällt dann noch et-

Kinderleicht angelegt ist ein Laub- und Reisighaufen, von dem viele Tiere profitieren.

was Laub auf den Boden, können die Bodentiere im Frühjahr unbeschadet ausschlüpfen.

Frostschutz inbegriffen

Hummelköniginnen graben sich bis zu 15 Zentimeter in den Boden ein – dort dringt der Frost nicht so schnell ein und falls doch, wirkt Glycerin in der Körperflüssigkeit als natürliches Frostschutzmittel.

Auch Laubhaufen werden von vielen Raupen und ausgewachsenen Insekten als Winterlager bevorzugt. Die meisten Schmetterlinge, Marienkäfer und Asseln überwintern in Laub- und Reisighaufen, wobei letztere sich sofort im Frühjahr bei der Zersetzung nützlich machen.

Auch Ritzen unter Baumrinde, sich langsam zersetzendes Totholz und vermodernde Baumstümpfe sind begehrte Quartiere für Käfer, nützliche Wildbienen, Falter und Spinnen.

Ausgewachsene Libellen sind als buntschillernde Flugkünstler in der Luft zu Hause. In ihrer Jugendzeit sind sie allerdings auf ein anderes Element angewiesen. Die gefräßigen Larven überwintern neben vielen weiteren Wasserinsekten auf dem Gewässergrund. Hier herrschen trotz dicker Eisdecke im Winter immer mollige vier Grad plus.

Hilfe für kleine Vielbeiner

Die Insekten- und Spinnenarten benötigen verschiedene Unterschlupfmöglichkeiten. Viele von ihnen werden auch in unserer Nähe fündig. Ein etwas unordentlicher, naturnah gestalteter Garten mit vielen wilden Ecken, heimischen Pflanzen und Wildkräutern und vielleicht sogar einem Gartenteich bietet für verschiedene Krabbeltiere idealen Lebensraum.

Sie können einiges tun, damit sich Insekten über den Winter in Ihrem Garten wohl fühlen. Manchmal heißt das auch, einfach mal gar nichts zu tun.

- Lassen Sie möglichst viele alte Pflanzenteile von Stauden, Bäumen und Büschen stehen. Hohle Stängel, Ritzen unter der Rinde, Totholz und dichte Vegetation bieten ideale Bedingungen zum Überwintern. Schneiden Sie – wenn überhaupt nötig – die Pflanzen erst im Frühjahr zurück, wenn die Insekten ihre Behausungen verlassen haben.
- Wählen Sie gezielt solche Pflanzen, die hohle Stängel als Quartiere bieten. Viele kommen auch von selbst durch Vögel oder Wind in Ihren Garten, ohne dass Sie etwas

Der Zitronenfalter kann dank „Frostschutz“ im Schnee überwintern.

dafür tun müssen. Besonders gut geeignet sind alle Doldengewächse, Kletten, Disteln, Holunder und Brennnesseln.

- Lassen Sie die Blüten- und Fruchtstände verblühter Pflanzen auch im Winter stehen. Besonders an Doldenblütlern spinnen sich viele Kleintiere ein. Lassen Sie beispielsweise einige Dillpflanzen, Fenchel oder Möhren in Ihrem Gemüsebeet wachsen und über den Winter stehen.
- Fallen Laub und Reisig an, fegen Sie es am besten unter die Büsche und Hecken. Viele Insekten profitieren davon und auch die Vögel finden dort einen Leckerbissen im Winter. Außerdem nützt dies auch den Pflanzen: Durch die Laubdecke sind sie vor Frost geschützt und die zersetzten Pflanzenteile liefern im Frühjahr guten Dünger. Auch zu lockeren Haufen zusammengetragen nützt jeder „Gartenabfall“ vielen Tieren.
- Sollten Sie Reisighaufen doch einmal verbrennen müssen, schichten Sie alles kurz vorher noch einmal um. So können sich die sich dort versteckenden Tiere noch in ein neues Quartier retten. Oder brauchen Sie nicht vielleicht einen neuen Sichtschutz oder eine nützliche Umzäunung? Statt zu verbrennen, legen Sie doch aus dem Reisig und anderem Gartenschnitt eine nützliche Totholzhecke an. Zwischen zwei Pfahlreihen aufgetürmt, bietet das verrottende Pflanzenmaterial einen idealen Lebensraum für eine vielfältige Fauna.
- Erhalten Sie nach Möglichkeit Äste und alte Bäume mit Höhlen, auch wenn sie abgestorben sind. Wenn Bäume gefällt werden müssen, bieten die vermodernden Stümpfe guten Lebensraum. Aufgestapeltes Holz bietet ebenfalls wertvolle Quartiere.
- Verzichten Sie auf chemische Pflanzenschutzmittel in Ihrem Garten. Das schadet allen Tieren.
- Legen Sie einen Gartenteich an, in dem im Wasser lebende Kleintiere wie Libellenlarven, Frösche und Wasserkäfer überwintern können. Für eine ausreichende Sauerstoffzufuhr ist es sinnvoll, die Wasseroberfläche bei starkem Frost wenigstens teilweise eisfrei zu halten. Entsprechende Geräte gibt es im Fachhandel.
- Halten Sie durch einen kleinen Spalt Garage, Schuppen und Dachboden offen. Dort überwinternde Marienkäfer und Schmetterlinge werden Ihnen dankbar sein.

Solch ein Haufen Altholz sieht auch im Garten malerisch aus und ist für die Tiere von unschätzbarem Wert.

Hotel für Wintergäste

Viele nützliche Insekten wie Marienkäfer und Florfliegen, aber auch Schmetterlinge bewohnen gern leer stehende Vogelnistkästen. Ihnen kann man auch spezielle, oft besser geeignete Nisthilfen, sogenannte Insektenhotels anbieten. Hierbei werden verschiedenste Materialien kombiniert, sodass Schlupfwinkel für alle Ansprüche entstehen.

Bohrungen in Holz mit verschiedenem Durchmesser werden beispielsweise von Wildbienen besiedelt, die sehr nützliche Blütenbestäuber sind. Ihre Larven überwintern in den engen Holzgängen und arbeiten sich im Frühjahr ins Freie. Halme von Stroh, Schilf, Bambus sowie Holunder und andere markhaltige Stängel werden zum Winterquartier für verschiedenste Krabbler. Auch ein Bündel aufrechter Stängel, das regengeschützt aufgehängt wird, erfüllt einen ähnlichen Zweck.

Schmetterlingsvilla

Für Schmetterlinge gibt es spezielle Kästen. Solche Schmetterlingskästen haben an einer Seite Spaltöffnungen mit einem Zentimeter Breite zum Hineinschlüpfen. Füllen Sie diese mit Pflanzenteilen von Lavendel, Schmetterlingsflieder oder Brennnessel, werden die Falter angelockt und legen ihre Eier ab, die dort geschützt überwintern. Oder die Falter überwintern gleich selbst im Kasten, wie der Kleine

Fuchs oder das Tagpfauenauge. Geeignete Standorte sind Schuppenwand oder Pergola an einer wettergeschützten, der Sonne nicht zu sehr ausgesetzten Stelle.

Hilfe für Blattlauslöwen mit Appetit

Florfliegen sind im Garten sehr nützliche Tiere, denn ihre Larven werden nicht umsonst als Blattlauslöwen bezeichnet. Ihr Appetit ist groß: In ihrem zwei- bis dreiwöchigen Jugendstadium frisst eine Larve mehrere hundert Blattläuse und andere kleine Insekten. Damit erweisen die biologischen Schädlingsbekämpfer dem Gärtner einen großen Nutzen.

Für die filigranen Netzflügler können Sie einen Kasten mit Stroh oder Holzwolle befüllen. Durch Querschlitze können die Nützlinge hineinschlüpfen und den Winter geschützt verbringen.

Statt der aufwendigeren Querschlitze gibt es eine besonders einfache Variante für den Eigenbau: Sägen Sie nur eine große ovale Öffnung an der Vorderseite des Kasten aus und bespannen diese von innen mit Maschendraht. Wenn Sie den Florfliegenkasten rot anstreichen, zieht er die neongrünen Tiere noch besser an. Hängen Sie ihn an einem windgeschützten Ort auf, an dem er nicht direkt der Sonne ausgesetzt ist. An warmen Tagen mag es die Florfliege nämlich kühl. Unter oder in Büschen ist auch ein idealer Platz. Hier ist es windgeschützt und schattig.

Auch Ohrwürmer sind gute Blattlausvertilger und sehr nützliche Insekten. Für sie reicht ein umgedreht an geschützter Stelle aufgehängter Tontopf. Mit Stroh befüllt und mit einem Netz oder Maschendraht überzogen, dient er als Behausung im Sommer und Winter.

Keine Angst ...

... dass Ohrwürmer sich gern in menschliche Ohren verkriechen, ist nur ein Gerücht!

Herberge zur freundlichen Menschenfamilie

Die Schneeflocken tanzen ums Haus. Bei einem Ausflug auf den Dachboden entdecken wir Schmetterlinge, die mit zusammengelegten Flügeln an Holzbalken ruhen: Die hübschen Tagpfauenaugen erinnern uns an ferne Sommertage. Lose herumliegende Flügelteile lassen vermuten, dass einige von ihnen den Fledermäusen vor ihrem Winterschlaf

Unterkunft für hungrige Blattlausjäger: Florfliegenkästen.

als letzte Mahlzeit gedient haben. Auch andere Tiere finden in unseren Häusern Zuflucht: Scharen von Marienkäfern sammeln sich in Fensterrahmen und im Keller treffen wir auf Weberknechte, Florfliegen und sogar Schwärme von Stechmücken.

Wenn es draußen kalt wird, zieht es viele Tiere in die Wärme menschlicher Behausungen. Besonders Keller, Garagen, Schuppen, Dachstühle und Vorratskammern erfüllen die Ansprüche an ein gutes Winterquartier. Irgendwo findet sich immer eine kleine Ritze, durch die die kleinen Tiere ins Innere der unbeheizten Räume gelangen. Lassen Sie sie doch in Ruhe bei Ihnen zur Untermiete den Winter verbringen – wenn es wieder wärmer wird, zieht es sie schnell zurück ins Freie. Spätestens zum Frühjahrsputz sind sie wieder spurlos verschwunden.

Lieber in den Keller

Haben sich Marienkäfer, Schmetterlinge und Co. in Wohnräume verirrt, siedeln Sie sie besser an einen geschützten Ort in einem unbeheizten Raum wie Keller, Dachboden oder Schuppen um. Im Wohnbereich ist es für die kleinen, nützlichen Tiere zu warm und sie würden bis zum Frühjahr vertrocknen. Denken Sie im Frühling auch an einen Ausgang und öffnen Sie ein Fenster einen kleinen Spalt weit. Auch andere Ritzen, Fugen, Spalten oder lose Dachziegel sind wichtige Fluchtwege für die Tiere im Frühling.

Ein Garten für Wintertiere

Gestalten Sie doch einen Wohlfühlgarten für Wildtiere – mit bunten Blumen, fruchtenden Bäumen und Sträuchern, Hecken, einer „wilden Ecke“ und vielem mehr. Es geht leichter als Sie denken.

So entsteht ein „Winter-Garten“

Das Pfaffenhütchen wird auch Rotkehlchenbrot genannt – diese Vögel finden die bunten Früchte einfach unwiderstehlich.

Ein naturnah angelegter Garten ist ein wahres Paradies für Mensch und Natur – auch über die schwierige Winterzeit. Schlummernd, erstarrt oder mehr oder weniger aktiv verbringen verschiedene Tierarten hier geschützt ihren Winter.

Dabei beginnt schon im Herbst die große Geschäftigkeit, wenn sich die Tiere für den Winter rüsten. Hier wird genascht, um sich den nötigen Winterspeck anzufressen, dort werden Höhlen und Nischen auf der Suche nach einem gemütlichen Versteck inspiziert und hier und da werden noch schnell ein paar Leckerbissen für die entbehrungsreiche Zeit versteckt. Wenn auch der letzte kleine Igel noch einen Laubhaufen für den Winterschlaf gefunden hat, kann der Winter getrost kommen ...

Verschiedene Maßnahmen für einen wildtierfreundlichen Garten nützen oft nicht nur einer Art, sondern mehreren gleichzeitig. Daher sind in diesem Kapitel alle Tipps noch einmal übersichtlich zusammengefasst, die einer Vielzahl von großen und kleinen Tieren bei ihrer Überwinterung helfen.

Unordnung tut gut

Auch wenn bis zum ersten Frost viele Pflegearbeiten im Garten anfallen, nehmen Sie Rücksicht auf die Tiere. Am besten, Sie „räumen“ Ihren Garten nicht allzu gründlich auf. Damit schaffen Sie viele Schlupfwinkel, die eine wichtige Überlebenshilfe für die Tiere sind. Wenn Sie etwas weniger tun, gibt es auch im Winter noch so manchen Leckerbissen als Nahrung für unsere tierischen Nachbarn.

Schritt für Schritt zum Naturgarten

Wie ein Mosaik aus vielen Steinchen fügt sich ein wertvoller Naturgarten aus vielfältigen Kleinstbiotopen zusammen. Hier fassen wir die wichtigsten Tipps für ein naturnahes, wildtierfreundliches Gärtnern noch einmal zusammen:

Heimische Pflanzen setzen

Pflanzen Sie heimische Gehölze und Hecken, die Früchte tragen. Heimische Pflanzen sind die Lebensgrundlage für eine große Artenvielfalt von Tieren und bieten Nahrung und Lebensraum. Besonders die fruchttragenden Gehölze liefern Vögeln und kleinen Säugetieren auch im Winter genug Futter. Als Hecke gepflanzt sind sie das ganze Jahr über beliebter Aufenthaltsort für fast alle Tiere.

Wildblumenwiese aussäen

Es lebe die Vielfalt! Saatgutmischungen aus heimischen Wildblumenmischungen sind ökologisch besonders wertvoll. Statt monotonem „Einheitsgrün“ verwandeln sie Ihren Garten von Frühjahr bis Herbst in ein blühendes Farbenmeer. Viele Insekten profitieren von den verschiedenen Kräutern und Stauden und finden hier Futterplatz, Nistgelegenheit und Winterquartier. Davon profitieren letztlich alle Gartenbewohner.

Falls Sie keine große Fläche haben: Auch im Balkonkasten ist eine Wildblumenmischung eine Bereicherung für Mensch und Tier.

Keine chemischen Pflanzenschutzmittel

Bitte verzichten Sie allen Tieren und sich selbst zuliebe auf den Einsatz von Pflanzenschutzmitteln im Garten. Freuen Sie sich über die Wildkräuter, die von selbst wachsen, und seien Sie nicht zu akkurat, was Ihre Vorstellung von Ordnung im Garten betrifft. In der Natur hat jedes Kräutlein oder Tierchen seinen Platz und Nutzen. Lassen Sie doch ein bisschen mehr Wildnis in Ihren Garten und seien Sie neugierig auf die spannenden Entdeckungen, die sich dem aufmerksamen Beobachter hier eröffnen.

Totholz stehen und liegen lassen

Von wegen Totholz! Im morschen Holz von abgestorbenen Ästen, hohlem Baumholz oder Baumstümpfen wimmelt es nur so von Lebewesen. Viele nützliche Insekten wie Wildbienen und verschiedene Käfer überwintern dort. Wenn Sie Bäume im Garten alt werden lassen, haben Sie besonders bei Obstbäumen zwar oft eine geringere Ernte, dafür bieten Sie in Baumhöhlen aber zahlreichen Tiere wie Mäusen, Vögeln, Insekten und vielleicht sogar Fledermäusen Unterschlupf. Auch eine Hecke aus Totholz gewährt erstklassigen Lebensraum.

Pflanzen erst im Frühjahr zurückschneiden

Viele Insekten überwintern in hohlen Stängeln, in Blattachseln oder in Blütenresten von Stauden und Gräsern. Vögeln wiederum dienen diese Kleintiere als eiweißreiche Nahrung im kargen Winter. Schneiden Sie also, wenn überhaupt nötig, Pflanzen erst im Frühjahr zurück.

Gartenabfälle nicht verbrennen

In der Natur gibt es keinen Abfall. Abgestorbenes Pflanzengrün wird von einer Vielzahl von Lebewesen „recycelt“. Ist das Material zersetzt, stehen die frei gewordenen Nährstoffe und Mineralien den Gartenpflanzen wieder zur Verfügung. Wenn Sie also Schnittgut verbrennen, entnehmen Sie aus dem Garten wertvolle Stoffe. Außerdem fallen den Flammen auch immer viele Kleintiere zum Opfer, die in den Pflanzen Zuflucht gefunden haben. Es gibt viele Möglichkeiten, anfallende Gartenabfälle zu „verarbeiten“. Zerkleinern Sie zum Beispiel das Material und arbeiten Sie es unter die Erde in den Beeten oder legen Sie einen Kompost an.

Barrieren abbauen

Tieren auf der Suche nach Nahrung und Winterquartier versperren oft kleinmaschige Zäune den Weg in den Garten. Natürliche Grundstücksbegrenzungen schaffen hier Abhilfe: Gartenhecken aus Wildsträuchern lassen die Tiere hindurchschlüpfen und dienen zusätzlich noch als Versteck und Nahrungsquelle.

Laub- und Reisighaufen anlegen

Ob zu lockeren Haufen zusammengekehrt oder unter Gebüsche und Hecken gefegt: Laub, Reisig und allerhand Schnittgut sind nicht nur idealer Winterschlafplatz für Igel. Auch Frösche, Insekten, Schlangen und noch viele Tiere mehr verbringen den Winter hier.

Holzstapel aufschichten

Sind Holzstöße wind- und regengeschützt an einer Hauswand aufgeschichtet, finden dort Eidechsen und Schlangen oder auch seltene Fledermäuse im Winter ihr Rückzugsgebiet.

Eine Trockenmauer ist auch im Winter dekorativ und für Tiere nützlich.

Steine aufhäufen oder Trockenmauer bauen

In den Ritzen und Spalten können sich seltene wärme- und trockenheitsliebende Pflanzen ansiedeln, die wiederum selten gewordene Insekten anlocken. In den Hohlräumen zwischen den Steinen finden viele Untermieter ein geschütztes Quartier: von der Kröte über die Blindschleiche bis zum Hermelin.

Frostfreien Unterschlupf in Gebäuden gewähren

Lassen Sie bewusst kleine Ritzen und Spalten als Zugänge zu Dachboden, Keller und Geräteschuppen für die Tiere offen. Im feuchten Keller können dann Fledermäuse ihren Winterschlaf halten, der Dachboden ist ein Refugium für Tagpfauenauge und Kleinen Fuchs und im Geräteschuppen macht es sich der Siebenschläfer gemütlich.

Künstliche Quartiere und Futterquellen anbieten

Ein idealer Naturgarten bietet genügend natürliche Futterquellen und Quartiere für viele Tiere. Allerdings können Sie auch sinnvolle zusätzliche Unterstützung geben, indem Sie künstliche Quartiere und Futterstellen anbieten. Ob nun Vogelnistkasten, Fledermausherberge oder Insektenhotel: Hier gibt es zahlreiche Möglichkeiten, je nachdem, welche Tiere Sie in Ihrem Garten besonders fördern möchten.

Weniger mähen, mehr wilde Ecken

Gönnen Sie dem Rasenmäher doch öfter eine Ruhepause. Lassen sie einige Inseln im Rasen einfach mal wachsen oder überlassen Sie doch eine nicht benötigte Ecke im Garten sich selbst. So entsteht ein Mosaik aus vielen kleinen Rückzugsgebieten und Lebensräumen für Tiere

Service

Buchtipps

Bestimmungsbücher

Baker: Fährten lesen und Spuren suchen: Das Handbuch. Haupt Verlag, Bern (2014), 288 S.
Ansprechender Ratgeber zum Finden und Bestimmen von Tierspuren.

Bellmann: Steinbachs Naturführer Insekten. Verlag Eugen Ulmer (2010), Stuttgart, 192 S.
Ein guter Überblick über die Insektengruppen und die häufigsten Arten

Bellmann und andere: Steinbachs Großer Tier- und Pflanzenführer. Verlag Eugen Ulmer (2013), 896 S.
Ein umfangreicher Naturführer für die ganze Familie

Hecker: Krabbeltiere: Schnecken, Insekten, Spinnen. Naturführer für Kinder. Verlag Eugen Ulmer (2011), 96 S.
Kindgerechte Texte, auch zum Selberlesen. Viele Forschertipps und Bastelanleitungen

Hecker: Vögel – Naturführer für Kinder. Verlag Eugen Ulmer (2015), Stuttgart. 96 S.
Auf Kinder ausgerichteter Vogelführer mit vielen Basteltipps

Puchta, Richarz: Steinbachs Naturführer Vögel. Verlag Eugen Ulmer (2014), 382 S.
Umfangreicher Vogelführer mit Fotos und Zeichnungen

Richarz: Steinbachs Naturführer Säugetiere. Verlag Eugen Ulmer (2010), 192 S.
Säugetiere sind schwer zu entdecken, meist sieht man nur ihre Spuren. Hier lernt man die Spurenverursacher kennen

Settele et al.: Schmetterlinge – Die Tagfalter Deutschlands. Verlag Eugen Ulmer, Stuttgart (2015), 256 S.
Alle Tagfalter Deutschlands, mit ausführlichen Informationen zu Lebensweise, Verbreitung, Schutz.

Ratgeber

Berthold, Mohr: Vögel füttern – aber richtig. Kosmos-Verlag (2012), 96 S.
Hintergründe und Fakten zur Ganzjahresfütterung

Boomgarden, Oftring, Ollig: Natur sucht Garten. Verlag Eugen Ulmer (2011), 144 S.
Mit dem Baustein-System Schritt für Schritt zum naturnahen Garten

Giraud: Futterplatz und Vogelhaus. Velber Buchverlag (2010), 60 S.
Für Kinder: 50 Tipps und Bastelanleitungen, um Tiere in der Natur zu erleben

Hecker: Das große Naturerlebnisbuch. Verlag Eugen Ulmer (2009), 144 S.
Nach Jahreszeiten gegliedert finden sich Anregungen zu Ausflügen, Spielen, Experimenten und Bastelarbeiten, für die ganze Familie, auch für Erzieherinnen und Lehrer

Hecker: Natur entdecken rund ums Jahr. Verlag Eugen Ulmer (2011), 128 S.
Monat für Monat Aktivitäts- und Basteltipps für Frühling und Sommer, Herbst und Winter

Tinz: Ideenbuch Vogelhäuschen. Stylische Nistkästen, Futterhäuser, Tränken. Verlag Eugen Ulmer, Stuttgart (2014), 96 S.
Zahlreiche originelle Projekte zum Nachbauen.

Von Orlow: Ideenbuch Insektenhotels. 30 Nisthilfen einfach selbst gebaut. Verlag Eugen Ulmer, Stuttgart (2013), 96 S.
Projekte zum Nachbauen für Wildbienen, Hummeln, Hornissen, Schmetterlinge, Marienkäfer und andere.

Von Orlow: Mein Insektenhotel. Wildbienen, Hummeln & Co. Im Garten. Verlag Eugen Ulmer (2015), 192 S.
Spannende Informationen zu Wildbienen, Hummeln und Wespen. Die besten Nisthilfen bauen. Mit Arten-Porträtteil

Bezugsquellen

Deutsche Wildtier Stiftung Naturschutzprodukte
Christoph-Probst-Weg 4
20251 Hamburg
Telefon 040 970786910
shop@dewist.de
www.DeutscheWildtierStiftung.de
Nisthilfen für Vögel und Insekten, verschiedenes Premium-Vogelfutter und Zubehör, Wildblumensamen

Dreschflegel GbR
In der Aue 31, 37213 Witzenhausen
Telefon 05542 502744
info@dreschflegel-saatgut.de
www.dreschflegel-saatgut.de
Saatgut, Schaugarten und gute Beratung

Baumschule Eggert
Baumschulenweg 2
25594 Vaale
Telefon 04827 932627
verkauf@eggert-baumschulen.de
www.eggert-baumschulen.de
Großes Sortiment auch von selten verfügbaren Gehölzen

Hasselfeldt Artenschutzprodukte
Dorfstr. 10
24613 Aukrug
Telefon 04627 184961
info@nistkasten-hasselfeldt.de
www.nistkasten-hasselfeldt.de
Nisthilfen aus Holzbeton und aus Holz

Humanitas Buchversand GmbH
Industriepark 3
56291 Wiebelsheim
Telefon: (06766) 903–100
service@humanitas-book.de
www.humanitas-book.de
Quartiere für Insekten, Kröten, Siebenschläfer, Vogelfutter und Zubehör

Immengarten Jaesch
Immengarten 1
31832 Springe-Bennigsen
Tel. 05045 8383
info@immengarten-jaesch.de
www.immengarten-jaesch.de
Viele bienentaugliche Stauden und Gehölze, auch exotische Bienennährpflanzen

Rieger-Hofmann GmbH
In den Wildblumen 7
74572 Blaufelden-Raboldshausen
Telefon 07952 921889-0
info@rieger-hofmann.de
www.rieger-hofmann.de
Regionalisiertes Saatgut in vielen Varianten

Rühlemann‘s Kräuter & Duftpflanzen
Auf dem Berg 2
27367 Horstedt/ROW
Telefon 04288 928558
info@kraeuter-und-duftpflanzen.de
www.kraeuter-und-duftpflanzen.de
Selten gewordene Kräuter und Gartenpflanzen

Saaten Zeller
Erftalstraße 6
63928 Riedern
Telefon 09378 530
info@saaten-zeller.de
www.saaten-zeller.de
Viele bewährte Blumenmischungen und regionale Varianten verfügbar

Schwedenstil Garten
Volker Rühne
Hauptstr. 84
22869 Schenefeld

Telefon 04101 3744016
info@schwedenstil-garten.de
www.schwedenstil-garten.de
Bunte Nisthilfen aus Holz

Schwegler Vogel- und Naturschutzprodukte
Heinkelstr. 35
73614 Schorndorf
Telefon 07181 97745–0
info@schwegler-natur.de
www.schwegler-natur.de
Großes Sortiment an Quartieren (v. a. Holzbeton) für Vögel, Igel, Amphibien, Fledermäuse und vielen mehr, Futterspender und Futter, Naturmauern

Naturschutzbedarf Strobel
Firma Pröhl
Nitzschkaer Str. 29
04626 Schmölln OT Kummer
Telefon 034491 81877
info@naturschutzbedarf-strobel.de
www.naturschutzbedarf-strobel.de
Nisthilfen aus Holzbeton

Vivara Naturschutzprodukte
Kaiserswerther Str. 115
40880 Ratingen
Telefon 01803 848272
info@vivara.de
www.vivara.de
Quartiere und Futtersortimente für Vögel, Fledermaus, Eichhörnchen, Igel und Amphibien, Pflanzen zur naturnahen Gartengestaltung, Tränken

Futter, Futterhäuser und -spender

Der Futter-Spatz
Schloßstr. 1
78357 Mühlingen
Telefon 07775 939773
shop@futter-spatz.de
www.futter-spatz.de

Paul's Mühle
Westring 2
45659 Recklinghausen
Telefon 02361 23231
info@pauls-muehle.de
www.pauls-muehle.de

Nützliche Internetadressen

www.DeutscheWildtierStiftung.de
Seite der Deutschen Wildtier Stiftung mit Informationen, Mitmach-Aktionen und Shop

www.insektenhotels.de
Schöne, handgefertigte Insektenhotels

www.pro-igel.de
Alles zur Igelhilfe

www.fledermausschutz.de
Alles über Fledermäuse und deren Schutz

Hinweis: Der Verlag Eugen Ulmer ist nicht verantwortlich für die Inhalte der aufgelisteten Links.

Bildquellen

Titelfoto: Thomas Marth

Arco Images/David Kjaer: S. 79
Arco Images/Jorma Luhta: S. 18
Arco Images/Kim Taylor: S. 84
Arco Images/Mike Wilkes: S. 110
Arco Images/NPL: S. 21
botanikfoto/Friederike Take: S. 28
botanikfoto/Steffen Hauser: S. 97
fotonatur/Tanja Askani: S. 65, 118
Hecker, Frank: S. 33, 38, 41, 42, 44, 47 r., 48, 55, 58, 61, 70, 74, 88 l., 89(2), 102, 104
Jgade – Shutterstock.com: S. 7
mauritius images: S. 25, 29, 88 r., 92, 100
Rösen, Patrick: S. 123
Steve Horsley – Shutterstock.com: S. 2/3
Swellphotography – Shutterstock.com: S. 20
YK – Shutterstock.com: S. 37 u.
Yuriy Kulik - Shutterstock.com: S. 107
Zoonar/Bo Valentino: S. 98
Zoonar/Carsten Braun: S. 80
Zoonar/Dirk Vorbusch: S. 37 o.
Zoonar/Erich Thielscher: S. 47 l.
Zoonar/Frank Fichtmueller: S. 14
Zoonar/Helge Schulz: S. 95
Zoonar/Himmelhuber: S. 116
Zoonar/Holger Schmidt: S. 68
Zoonar/Konrad Wothe: S. 4, 57, 86
Zoonar/Radoijca Eichert: S. 13
Zoonar/Rainer Hunold: S. 113
Zoonar/Winfried Schaefer: S. 16

Die Zeichnungen fertigte Steffen Walentowitz, Jever

Die Autorin

Claudia Rösen, Jahrgang 1982, ist Biologin und war bei der Deutschen Wildtier Stiftung für die Naturbildung verantwortlich. Als Natur- und Umweltpädagogin ist sie viel draußen unterwegs und begeistert Kindergruppen, Familien und und Erwachsene für die faszinierende Natur vor der Haustür. Mit ihrer Familie lebt sie in der Nähe von Mölln.

Nachgeschlagen

Haftungsausschluss
Autorin und Verlag haben sich um aktuelle, richtige und zuverlässige Angaben bemüht. Fehler können jedoch nicht vollständig ausgeschlossen werden. Eine Garantie für die Richtigkeit der Angaben kann daher nicht gegeben werden. Haftung für Schäden und Unfälle wird aus keinem Rechtsgrund übernommen.

Bibliografische Information der Deutschen Nationalbibliothek
Die Deutsche Nationalbibliothek verzeichnet diese Publikation in der Deutschen Nationalbibliografie; detaillierte bibliografische Daten sind im Internet über http://dnb.d-nb.de abrufbar.

Wollgrasweg 41, 70599 Stuttgart (Hohenheim)
E-Mail: info@ulmer.de
Internet: www.ulmer-verlag.de
Lektorat: Ina Vetter, Antje Munk
Umschlagentwurf: Atelier Reichert, Stuttgart
Herstellung: Silke Reuter
Reproduktion: timeRay visualisierungen, Herrenberg
Druck und Bindung: aprinta Druck, Firmengruppe APPL, Wemding
Printed in Germany

ISBN 978-3-8001-8279-4